Sedimentation von Faser–Partikel–Suspensionen

zur Erlangung des akademischen Grades eines
DOKTORS DER INGENIEURWISSENSCHAFTEN (Dr.–Ing.)

der Fakultät für Chemieingenieurwesen und Verfahrenstechnik
des Karlsruher Instituts für Technologie (KIT)

genehmigte
DISSERTATION

von

Dipl.–Math. techn. Markus Feist
aus Kreuztal, Deutschland

Referent: Professor Dr.–Ing. habil. Hermann Nirschl
Korreferent: Professor Dr. Willy Dörfler

Tag der mündlichen Prüfung: 29. Juni 2012

Bibliografische Information der Deutschen Nationalbibliothek

Die Deutsche Nationalbibliothek verzeichnet diese Publikation in der Deutschen Nationalbibliografie; detaillierte bibliografische Daten sind im Internet über http://dnb.d-nb.de abrufbar.

1. Aufl. - Göttingen : Cuvillier, 2012

Zugl.: Karlsruhe (KIT), Univ., Diss., 2012

978-3-95404-168-8

Nonnenstieg 8, 37075 Göttingen

Telefon: 0551-54724-0

Telefax: 0551-54724-21

www.cuvillier.de

1. Auflage, 2012

Gedruckt auf säurefreiem Papier

978-3-95404-168-8

Für meine Familie

Danksagung

Die vorliegende Arbeit entstand in den Jahren 2006 - 2011 während meiner Zeit als wissenschaftlicher Mitarbeiter am Institut für Mechanische Verfahrenstechnik und Mechanik (MVM) und am Institut für Angewandte und Numerische Mathematik II (IANM II) der Universität Karlsruhe bzw. des Karlsruher Instituts für Technologie (KIT).

Mein ganz besonderer Dank gilt Herrn Prof. Dr.-Ing. habil. Hermann Nirschl für die interessante Themenstellung, für seine Ideen und Anregungen, für die stets freundlichen und aufmunternden Worte sowie speziell für das Vertrauen, welches er in mich gesetzt hat. Dies alles hat ein Arbeitsumfeld geschaffen, an das ich jederzeit gerne zurückdenke.

Ebenso groß ist mein Dank an Prof. Dr. Willy Dörfler. Auch er hat größtes Vertrauen in mich gesetzt. Ich danke ihm nicht zuletzt für seine Zeit – die unzähligen Stunden – die er beginnend mit meinem Studium und meiner Diplomarbeit bei fachlichen Diskussionen und Hilfestellungen in mich investiert hat.

Beiden Professoren danke ich, dass sie diese neue Kooperation der zwei Arbeitsgruppen begonnen haben und hoffe, dass diese Zusammenarbeit nach dem erfolgreichen Beginn noch lange weiter existieren wird.

Bedanken möchte ich mich auch bei Dr.-Ing. Robert Wengeler, denn er hat mich im Rahmen meiner Diplomarbeit das erste Mal mit dem Bereich der Verfahrens– und Partikeltechnik in Berührung gebracht. Einen ersten Grundstein für die Simulationen in dieser Arbeit legte schließlich Herr Florian Keller mit seiner Diplomarbeit, dem ich dafür ganz herzlich danke. Ich freue mich sehr, dass auch er in die Kooperation der Arbeitsgruppen eingestiegen ist und danke ihm ganz besonders für die vielen Diskussionen, die wir miteinander geführt haben.

Bei Dr.-Ing. Harald Anlauf möchte ich mich für die immer schnelle Hilfe bei allen organisatorischen Fragen und die sehr erfolgreiche Zusammenarbeit bei dem ein oder anderen Projekt bedanken. Herrn Dr. Kurt Grüner danke ich ebenfalls für eine sehr gute vierjährige Zusammenarbeit, in der wir in der Lehre die ein oder andere Hürde gemeistert haben.

Solch eine Arbeit käme nicht zustande ohne viele Experimente und ohne schnelle Hilfe bei den technischen Fragestellungen. So danke ich auch allen technischen Mitarbeitern des Instituts. Allen voran Hans Guigas, der mir immer mit seiner Erfahrung und seinem Rat zur Seite Stand sowie Thomas Reutter, Friedhelm Flügel und der mechanischen Werkstadt für die schnellen und unkomplizierten technischen Lösungen. Ebenso danke ich den Mitarbeitern der Partikelmesstechnik, Klaus Hirsch und Astrid Huber für die vielen Messungen mit nicht immer einfach zu handhabenden Teilchensystemen.

Allen meinen wissenschaftlichen Kolleginnen und Kollegen, besonders meinen langjährigen Bürokolleginnen Dr.-Ing. Verena Görtz und Dr.-Ing. Xiana Romani Fernandez danke ich für das tolle Arbeitsklima, die Seminare voller interessanter Diskussionen und die vielen schönen Feste.

Für ihr Engagement und Hilfe gilt mein Dank auch allen Diplomarbeitern, Hilfswissenschaftlern und Auszubildenden: Ertan Akgün, Markus Antoni, Susi Hoffacker, Florian Keller, Michael Lindenfelser, Christian Morhardt, Andreas Schulz, Georg Stoev, Jean-Claude Tusint und Nicolas von Winning.

Für die finanzielle Unterstützung danke ich der Arbeitsgemeinschaft Industrieller Forschungsvereinigungen (AiF), die meine Stelle als wissenschaftlicher Mitarbeiter zu einem großen Teil gefördert hat.

Besonders herzlich möchte ich mich auch bei meinen Eltern bedanken. Angefangen mit der Unterstützung während meiner Schulausbildung gefolgt von meinem Studium haben sie das Fundament für diese Arbeit gelegt.

Schließlich danke ich meiner Frau Anja für die Unterstützung, den Rückhalt, die Motivation, die Sie mir immer wieder neu gegeben hat und so vieles mehr.

Summary

This dissertation describes first and fundamental studies of sedimentation processes of various fibre-particle suspensions. The settling behaviour of such suspensions is investigated experimentally and by numerical simulations under consideration of different parameters. Thus correlations were seen between academic fibre and fibre-particle suspensions and those obtained from the paper recycling industry, as well as in comparison with calculations. For the simulations the method *Stokesian Dynamics* has been reformulated. This method was derived with help of the Stokes equations in an exterior domain and the Newton's laws of motion for the movements of the particles. The Stokes equations are used to approximate detailed hydrodynamic forces between particles without solving the entire velocity and pressure field. Thus, it enables calculations of complete sedimentation processes and the microscopic behaviour of particles under consideration of hydrodynamic interactions and the influence of the gravity of earth. Additionally, during the derivation special interest was paid to the assumptions which have been made and their effects.

After the implementation of the method, the movements of special particle configurations were investigated. The results have been compared with observations given in the literature and new experiments. Furthermore known results for some configurations have been extended, especially to take a closer look at the long time behaviour.

In case of fibres, which were assumed to be rigid, a new approximation has been introduced. They were modelled as a rigid chain of spheres. Afterwards this modelling was proven to be fairly good by comparing the drag coefficients of simulation results of single and undisturbed fibres with an analytical approach for cylinders or experiments with single chains of spheres. Afterwards, this new modelling idea proved to have sufficient quality for dynamic simulations by comparing not only one single fibre, but also two settling fibres.

After these particle and fibre simulations with special configurations the sedimentation and separation behaviour of fibre–particle suspensions in an exterior domain, have been considered under variation of several parameters, like the aspect ratio, the fibre to particle ratio of the solid matter and the density ratio between fibres and particles. The obtained results can be summarized in the following statements, which also correspond partly to results found in experiments and the literature.

When the aspect ratio of fibres in the suspension is increased the separation quality does not changed. On the one hand, a longer undisturbed fibre would settle faster than a shorter one, on the other hand, due to particle contacts which usually occur in suspensions, the longer fibres are exposed to much more hindrance than the shorter ones. This results in a slower velocity. However, both effects counteract and no better separation can be observed.
Furthermore, fibres which have a higher specific density in comparison to particles are able to separate, but due to the clustering they also draw slow particles with them. But if the fibres are neutrally buoyant the particles draw the fibres with them and are also not able to separate. Further variation of the density ratio to simulate heavier fibres also showed that the higher the density ratio is the shorter is the settling time to achieve certain separation efficiency. It can also be seen that the higher the desired separation efficiency is the longer is the needed separation time. Finally, the higher the fibre to particle ratio is, the more fibres are in the suspension, and thus the more clusters are built during sedimentation and the more particles are enclosed. The result of all of these effects is a longer separation time.
The second part deals with fundamental and experimental investigations of defined fibre and fibre-particle suspensions with help of a sedimentation scale. The investigated parameters were the form and the concentration of the solid matter as well as the influence of the fluid.
It turns out that for a comparison of volume concentrations between different suspensions a modified definition is needed. Especially long fibres which have, for example, an aspect ratio greater than 100 tend to built high sediments at even low volume concentrations. Therefore, in the new definition the aspect ratio is also considered.
In contrast to particle suspensions, it was shown that suspensions with fibres destabilize during sedimentation, due to cluster building as a result of the fibres long form. However, most measurement apparatuses are developed for particle suspensions. Therefore, the influence of non–round particles (like fibres) on the measurement signal and possible modifications of the fundamental theory have been discussed. Additionally this destabilisation effect also leads to a dependence of the sedimentation behaviour on the fluid when normalized to reference values. This observation is not known in the case of particle suspensions. It is also observed that in dependence on the fluid viscosity, the major sedimentation process is in one case overlayed by a clustering and alignment and in the other case these rearrangements are finished before it takes place. Additionally the settling velocities of the clusters are much - up to 15 times - faster than the velocity of a single fibre would be.

The third topic of this work is the investigation of suspensions from different steps of the paper production process. The settling of these suspensions was investigated with the help of a manometer centrifuge with respect to a possibility of separation in an upstream classification. It has been shown, that in general the physico chemical interactions have a big influence on the sedimentation. But as already shown by the simulations, the biggest influence is the fibre to particle ratio. This ratio decides if the sedimentation is particle or fibre dominant, if the sedimentation is governed by alignment and clustering of the solid matter and if the stability of the suspension is changing during sedimentation. Furthermore, all of these parameters have influence on the separation behaviour of the fibre-particle suspensions.
Additionally it could be shown that the paper making process results in a connection between the fibres and particles. Therefore, a mechanical pre-treatment of the fibres leads to a broader sedimentation velocity distribution which means that less solid matter sediments with the same settling velocity. The result is a much better separation of fibres and particles. Finally, a correlation between the fundamental investigations and the real separation process in an upstream classification could be seen.
Especially the third part has shown, that sedimentation processes in which fibres and particles are involved have interesting and significant differences in comparison to sedimentation processes of pure particle or fibre suspensions.
However, numerical simulations of polydisperse particle suspensions have not been fully considered yet. Additionally, suspensions which destabilize during sedimentation are not considered yet. Especially the behaviour of established measurement apparatuses like sedimentation scale and manometer centrifuge have not been sufficiently observed and considered in the assumptions. Finally, simulations of periodic systems would allow a better investigation of real sedimentation processes at higher concentrations.

Inhaltsverzeichnis

Kapitel 1

Einleitung

Trennprozesse mit Hilfe von Sedimentationsverfahren sind Bestandteil vieler industrieller Produktionsketten. Eine Art der Anwendung sind die Sedimentationsprozesse im Erdschwerefeld. Dabei wird als beschleunigende Kraft lediglich die Erdanziehung genutzt. Da diese Prozesse oft sehr langsam ablaufen, eignen sie sich für industrielle Maßstäbe nur, wenn große Flächen bzw. große und damit im Erdschwerefeld schnell sedimentierende Feststoffteilchen zur Verfügung stehen. Die Größe der Teilchen kann dabei zusätzlich durch Agglomeration und Flockenbildung mit Hilfe von Additiven erhöht werden. Bei kleinen und damit im Erdschwerefeld langsam sedimentierenden Feststoffteilchen, oder wenn keine ausreichende Fläche zur Verfügung steht, finden Abtrennprozesse im Zentrifugalfeld statt. Durch Zentrifugen wird die beschleunigende Kraft erhöht und kann im industriellen Bereich das Hunderttausendfache der Erdbeschleunigung betragen.

Alle Sedimentationsprozesse können sowohl kontinuierlich als auch diskontinuierlich (im Batch) ablaufen und bewirken je nach Umsetzung einmal niedrige und ein andermal hohe Scherkräfte auf die Teilchen. Dadurch können sich während eines Prozesses die Teilchengrößen und damit vor allem die Sedimentationseigenschaften verändern. Allerdings wird der Durchsatz solcher Sedimentationsanlagen immer zu einem großen Teil von den Sedimentationseigenschaften bestimmt. Daher ergibt sich stets die Notwendigkeit diese genauer und produktspezifisch zu untersuchen.

Für Suspensionen mit mehr oder weniger runden Partikeln sind die Abhängigkeiten der Eigenschaften auf die Sedimentation schon vor einiger Zeit untersucht worden und heute größtenteils bekannt. Auch über das Verhalten von Fasern in Flüssigkeiten gibt es bereits viele bekannte Aussagen. Allerdings ist das Verhalten von Fasern und Partikeln, die gleichzeitig an einer Sedimentation teilnehmen, bisher noch kaum betrachtet worden.

Es sind jedoch einige Beispiele für industrielle Sedimentationsprozesse zu finden, bei denen gerade das gemeinsame Verhalten von Fasern und Partikeln eine große Rolle spielt. So besteht bei der Abwasseraufbereitung, die oft in großen Klärbecken im Erdschwerefeld stattfindet, abzutrennender Feststoff aus Partikeln und Fasern. Häufig werden hier Additive zugegeben, um so durch Flockenbildung die Sedimentationsgeschwindigkeit der Teilchen zu erhöhen. Manche Filtrationsprozesse benutzen Fasern als Filterhilfsstoffe, die nach der Filtration gereinigt werden müssen, um sie gegebenenfalls wieder verwenden zu können. Auch hier ist das Verhalten der Fasern und der Verunreinigungen, die zudem oft partikulärer Natur sind, in einem Fluid entscheidend für das Reinigungsergebnis. Schließlich ist bei der Papierproduktion das Verhalten von Fasern und Partikeln in einem Fluid ein entscheidender Bestandteil des Recyclingprozesses. Denn bei diesem müssen die organischen Fasern von den anorganischen Partikeln getrennt werden, da die Fasern einen wertvollen Rohstoff für eine neue Produktion darstellen. Zurzeit werden dazu große Flotationsanlagen eingesetzt. In diesen sollen Fasern absedimentieren und sich die Füllstoff- und Druckerfarbenpartikel an Luftblasen anlagern und anschließend durch Aufsteigen ausgetragen werden. Der Erfolg einer Trennung beeinflusst dabei maßgeblich die Produktionsleistung dieser Anlagen und damit die Wirtschaftlichkeit eines solchen Abtrennvorgangs. Schon diese drei Beispiele zeigen die Notwendigkeit, das Verhalten, die Gemeinsamkeiten sowie die Unterschiede zwischen der Sedimentation von Faser–Suspensionen, Partikel–Suspensionen und Faser–Partikel–Suspensionen zu betrachten.

In der Literatur findet man einige Ergebnisse aus Experimenten zum Sedimentationsverhalten von Faser–Suspensionen. Es ist aber zu bemerken, dass oft nur Fasern verwendet werden, deren Länge maximal bis zu dreißig Mal größer als deren Dicke ist. Längere Fasern sind weder verwendet noch genauer untersucht worden. Insbesondere im Bereich der Faser–Partikel–Suspensionen ist sehr wenig über das gemeinsame Sedimentationsverhalten bekannt. Einige Untersuchungen im Bereich der Kugelfallrheometrie behandeln zwar eine hydrodynamische Interaktion zwischen Fasern und Partikeln, aber es wird dabei ausschließlich eine große Kugel betrachtet, die durch eine homogene Faser–Suspension fällt.

Andere Ergebnisse aus Untersuchungen, speziell bei denen Fasern und Partikel gleichberechtigt an der Sedimentation teilnehmen, sind bisher nicht bekannt.
Diese Arbeit liefert eine erste Grundlage zur Beschreibung des Sedimentationsverhaltens von Faser–Partikel–Suspensionen. Sowohl durch numerische Simulation, als auch experimentell werden deren Eigenschaften und Verhalten bei Sedimentation untersucht und mit Feststoffparametern wie Faserlänge, Feststoffkonzentration, Faser– zu Partikelanteil und dem Verhältnis zwischen Faser– und Partikeldichte verknüpft. Dabei sind folgende noch offene Fragestellungen zu beantworten.

i) *Ist eine numerische Simulation eines Sedimentationsprozesses von Faser–Partikel-Suspensionen insbesondere unter Beachtung von hydrodynamischen Kräften möglich?*

   Zur Beantwortung dieser Frage wird die aus der Literatur bekannte Methode *Stokesian Dynamics* vorgestellt. Sie wurde schon mehrfach erfolgreich für reine Partikel– oder reine Faser–Suspensionen angewandt und implementiert das Bewegungsverhalten von vielen Partikeln unter Betrachtung detaillierter hydrodynamischer Wechselwirkungen. Zur Simulation von Fasern wird eine Erweiterung erarbeitet, die schließlich dazu dient Simulationen von Sedimentations– und Separationsprozessen beliebiger Faser–Partikel–Suspensionen durchführen zu können.

   Zunächst wird aber auf die Dynamik einzelner Partikel und Fasern eingegangen, also gezielt das mikroskopisch hydrodynamische Verhalten von verschiedenen Teilchen untersucht. Dies ist insbesondere bei länglichen Teilchen notwendig, da bei diesen nicht nur das makroskopische Verhalten einer ganzen Suspension Erkenntnisse liefert, sondern lokale Clusterbildung und Ausrichtung entscheidend zu einem Sedimentationsprozess beitragen.

ii) *Wie verhalten sich Faser–Partikel–Suspensionen bei der Sedimentation und durch welche Parameter wird dieses Verhalten bestimmt?*

   Mit Hilfe der vorher detailliert untersuchten Methode der Stokesian Dynamics werden weitere numerische Simulationen von Faser–Partikel–Suspensionen durchgeführt. In Parameterstudien werden der Faseranteil, das Verhältnis zwischen Faser– und Partikeldichte oder der Aspect Ratio der Fasern variiert und im Hinblick auf das globale Sedimentations– und Separationsverhalten der Suspensionen bewertet. Vergleiche der erzielten Simulationsergebnisse mit vorhandenem Wissen über reine Partikel–

oder reine Faser–Suspensionen sowie Vergleiche mit weitergehenden Experimenten dienen zur Herausarbeitung von Gemeinsamkeiten und Unterschieden in dem Sedimentationsverhalten der einzelnen Suspensionsarten.

iii) *Wie verhalten sich für Partikel–Suspensionen entwickelte und seit langem etablierte Messgeräte bei der Untersuchung von Sedimentationsprozessen von Faser–Partikel–Suspensionen?*
Einzelne und etablierte Messgeräte für Sedimentationsuntersuchungen, wie Sedimentationswaage, Manometerzentrifuge oder LumiReader, sind für reine Partikel–Suspensionen entwickelt und ausgelegt worden. Die benötigten Annahmen, die der Auswertung der Messsignale zu Grunde liegen, sind daher für Suspensionen aus Fasern oder länglichen Partikeln nur bedingt erfüllt. Bei Benutzung ist es somit notwendig, die Voraussetzungen an die Suspensionen genauer zu betrachten, zu hinterfragen und gegebenenfalls zu erweitern. So wird das Sedimentationsverhalten akademischer und weitestgehend definierter Faser– und Faser–Partikel–Suspensionen untersucht und auch im Vergleich zu einem Verhalten reiner Partikel–Suspensionen bewertet.

iv) *Wie verhalten sich industrielle Faser–Partikel–Suspensionen bei Sedimentationsprozessen?*
Die durch numerische Simulationen und durch Untersuchungen der akademischen Suspensionen herausgearbeiteten Verhaltensweisen und Abhängigkeiten werden verwendet um das Sedimentations– und Separationsverhalten industrieller Faser–Partikel–Suspensionen, wie sie in einem Papierrecyclingprozess anfallen, zu beurteilen. Durch Herstellung von Faser–Partikel–Suspensionen aus verschiedenen Papiersorten insbesondere unter Variation des Fasergehalts aber auch der physikochemischen Wechselwirkungen und der mechanischen Vorbehandlung lassen sich auch bei diesen eher undefinierten Suspensionen Unterschiede im Sedimentationsverhalten erkennen. Diese werden mit den neuen Erkenntnissen der vorhergehenden Untersuchungen und der numerischen Simulationen beurteilt und schließlich mit Ergebnissen aus einem beispielhaften Trennprozess verknüpft.

Kapitel 2

Grundlagen und Stand der Technik

2.1 Sedimentation allgemein

Bevor im Folgenden der Stand des Wissens über Sedimentation und entsprechende Experimente diskutiert, sowie auf Möglichkeiten zur Simulation von Sedimentationsvorgängen eingegangen wird, sei zunächst kurz das physikalische Modell einer sedimentierenden Kugel beschrieben. Anschließend wird dies in eine mathematische Beschreibung überführt. Es ist an dieser Stelle notwendig, da nahezu alle Modelle für Simulationen und die Annahmen für Experimente auf diesen grundlegenden Formulierungen aufgebaut sind.

2.1.1 Das physikalische Modell

In dieser Arbeit werden Sedimentationsvorgänge betrachtet, bei denen sich Teilchen, also runde Partikel oder lange Fasern, in einem ruhenden Fluid befinden. Auf Grund einer äußeren, treibenden Kraft, beginnen diese dann mit einer Bewegung in Kraftrichtung. Typische Kräfte sind entweder die Gravitationskraft der Erde oder, wenn die Sedimentation beschleunigt werden soll, Zentrifugalkräfte, die ein Vielfaches dieser Kraft erreichen können.
Im Fall von nur einem sich bewegenden Teilchen wirken auf dieses dann die Gewichtskraft, die Auftriebskraft und die Reibung, die an der Teilchenoberfläche durch das umgebende Fluid erzeugt wird. Das Fluid benetzt dessen Oberfläche und haftet daran. Für einen runden Partikel ist das genau die Betrachtungsweise, die von Stokes [86] eingeführt wurde.

Wenn man mehrere Teilchen betrachten möchte, muss man zusätzlich noch die interpartikulären Wechselwirkungen berücksichtigen. In den Simulationen dieser Arbeit werden zunächst nur die hydrodynamischen Wechselwirkungen betrachtet. Diese haben im Vergleich zu anderen Kräften, wie der van-der-Waals Kraft, der elektrostatischen Kraft etc., die in der DLVO–Theorie beschrieben werden, eine sehr große Reichweite [64]. Dies bedeutet, viele und weit entfernte Teilchen tragen signifikant zu den hydrodynamischen Wechselwirkungen auf ein anderes Teilchen bei, während die anderen oben erwähnten Kräfte schon durch den Einfluss weniger benachbarter Teilchen hinreichend gut approximiert werden.
Der Behälter, in dem die Teilchen sedimentieren, ist als so groß gewählt, dass die Effekte der Gefäßwände im Vergleich zu anderen Einflüssen keine Rolle spielen.

2.1.2 Das mathematische Modell

Zunächst sind die Teilchen als perfekt glatte und runde Kugeln zu verstehen. Die Sedimentation dieser betrachteten Partikel findet in einem newtonisch und inkompressibelen Fluid der Dichte ρ^{F} und Viskosität μ^{F}, welche als positive Konstanten angenommen werden, statt. Es kann somit durch die bekannten Navier–Stokes–Gleichungen beschrieben werden, [1], [76].
Für die weitere Modellierung gehen wir zusätzlich von sehr kleinen Partikel–Reynoldszahlen

$$\text{Re} := \frac{\rho^{\mathsf{F}} v^{\mathsf{P}} d^{\mathsf{P}}}{\mu^{\mathsf{F}}} = \frac{\text{Trägheitskräfte}}{\text{viskose Kräfte}} \leq 0.25$$

aus. Dabei bezeichnet v^{P} die Geschwindigkeit und d^{P} den Durchmesser des Partikels. Diese Bedingung ist für die hier betrachteten Sedimentationsvorgänge von kleinen Partikeln im Erdschwerefeld erfüllt. So kann man die konvektiven Terme in den Navier–Stokes–Gleichungen vernachlässigen und zu den Stokes–Gleichungen übergehen [34].
Die zeitliche Entwicklung des Partikelkollektivs wird im Weiteren durch ein Zeitschrittverfahren betrachtet, so dass das Ziel einer Modellierung darin besteht, die hydrodynamischen Kräfte auf die jeweiligen Partikel bei gegebenen Partikelgeschwindigkeiten und –positionen zu approximieren. Diese Annahme erlaubt es weiter für das Fluid den quasi-stationären Fall anzunehmen.
Seien nun die endlich vielen Partikel geschlossene und konvexe Gebiete mit $B^{\alpha}(t)$ für α in einer endlichen Indexmenge $\mathbb{I}$, und die Zeit mit $t \geq 0$ bezeichnet. Des Weiteren wird die Sedimentation ohne mögliche Randeinflüsse betrachtet, womit sich die Partikel in einem sogenannten Außenraum befinden. Eine andere Möglichkeit ist die Annahme periodischer

Randbedingungen auf dem Gebietsrand, was in dieser Arbeit nicht betrachtet werden soll. Das Gebiet $D(t)$, welches vom Fluid eingenommen wird, ergibt sich so insgesamt zu

$$D(t) := \mathbb{R}^3 \setminus \bigcup_{\alpha \in \mathbb{I}} B^\alpha(t). \tag{2.1.1}$$

Das Fluid haftet an der Partikeloberfläche, so dass es dort die Geschwindigkeit des Partikels annimmt, die sogenannte Haftrandbedingung. Weiter soll jedes Partikel einer Starrkörperbewegung gehorchen.

2.1.3 Die stationären Stokes–Gleichungen

Um mit diesen Voraussetzungen die Bewegung des Fluids und der sich darin befindenden Partikel beschreiben zu können, benötigt man dessen *Geschwindigkeits–Feld* $u(\,.\,,t) : D(t) \to \mathbb{R}^3$ und den hydrodynamischen Druck $p(\,.\,,t) : D(t) \to \mathbb{R}$. Die Gravitation induziert eine Kraftdichte $f_{\mathrm{g}} := \rho^{\mathsf{F}} g$, mit dem konstanten Beschleunigungsvektor $g := 9,81 m/s^2 \mathrm{e}_z$. Die Impulserhaltung liefert so den Zusammenhang $-\nabla \cdot \sigma[u,p] = F_g$ in D, dabei ist der Spannungstensor $\sigma[u,p]$ des Newtonschen Fluids gegeben durch, [8],

$$\sigma[u,p] := -p\,\mathsf{Id} + \mu^{\mathsf{F}} \big(\nabla u + (\nabla u)^{\mathsf{T}}\big).$$

Dies führt zu der ersten Gleichung des Stokes–Systems. Sie lautet

$$-\mu^{\mathsf{F}} \Delta u + \nabla p = \rho^{\mathsf{F}} g \quad \text{in } D.$$

Die zweite Stokes–Gleichung ist die Kontinuitätsgleichung und bedingt die Massenerhaltung. Sie ergibt sich zu

$$\nabla \cdot u = 0 \quad \text{in } D.$$

Mit Hilfe von $g = \nabla(g \cdot x)$ und folgender Redefinition des Drucks,

$$p_g := p - \rho g \cdot x, \tag{2.1.2}$$

kann die Gewichtskraft als ein Gradient geschrieben werden. Damit lässt sich das System der Stokes–Gleichungen insgesamt schreiben als,

$$-\mu^{\mathsf{F}} \Delta u + \nabla p_g = 0 \qquad \text{in } D, \tag{2.1.3}$$

$$\nabla \cdot u = 0 \qquad \text{in } D. \tag{2.1.4}$$

Ein Partikel mit index $\alpha \in \mathbb{I}$ befindet sich zum Zeitpunkt t an einem Ort, der in den Koordinaten $x^\alpha(t) \in \mathbb{R}^3$ beschrieben wird. Die Winkelposition ist $\theta^\alpha(t) \in S^2 := \{y \in \mathbb{R}^3 \,:\, |y| = 1\}$. Die entsprechenden Geschwindigkeiten sind $\dot{x}^\alpha(t) := d/dt\,(x^\alpha(t)) = U^\alpha(t) \in \mathbb{R}^3$ und $\dot{\theta}^\alpha(t) = \Omega^\alpha(t) \in \mathbb{R}^3$ die Winkelgeschwindigkeiten. Damit hat ein Punkt x auf der Oberfläche eines Partikels $B^\alpha(t)$ die Gesamtgeschwindigkeit $U^\alpha(t) + \Omega^\alpha(t) \times \big(x - x^\alpha(t)\big)$. So ergibt die Haftrandbedingungen an der Partikeloberfläche die Fluid–Geschwindigkeit zu

$$u(x,\,.\,) - U^\alpha - \Omega^\alpha \times \big(x - x^\alpha\big) = 0 \quad \text{für alle } x \in \partial B^\alpha,\; \alpha \in \mathbb{I}. \tag{2.1.5}$$

Da sich das Fluid bei der Betrachtung von Sedimentationsprozessen in großer Entfernung in Ruhe befindet gilt außerdem,

$$u(x,\,.\,) \to u_\infty = 0 \quad \text{für } |x| \to \infty. \tag{2.1.6}$$

Als Anfangsbedingungen für die Teilchenbewegungen nehmen wir zusätzlich an, dass sowohl das Fluid als auch die Partikel in Ruhe sind, also keine Anfangsgeschwindigkeit haben. Dies ergibt,

$$u(x,0) = 0, \quad U^\alpha(0) = 0, \quad \Omega^\alpha(0) = 0 \quad \text{für alle } x \in D,\; \alpha \in \mathbb{I}. \tag{2.1.7}$$

2.2 Experimentelle Untersuchungen

2.2.1 Partikel–Suspensionen

Erste Untersuchungen zum Sedimentationsverhalten eines runden Partikels wurden von Stokes [86] durchgeführt. Mit Hilfe eines Kräftegleichgewichts an einer sedimentierenden Kugel entwickelte er eine analytische Formel für deren Sedimentationsgeschwindigkeit v_{St}. Die dabei getroffenen Annahmen sind, dass eine langsame Bewegung (Reynoldszahl Re$< 0,25$) der Kugel vorliegen muss, um eine sogenannte schleichende Strömung um die Kugel zu gewährleisten. Des Weiteren darf sie durch keine äußeren Einflüsse, wie Randeffekte einer Gefäßwand oder andere Kugeln, beeinflusst werden. Die bekannte, analytische Formel für die Sinkgeschwindigkeit v_{St}, die sogenannte *Stokes–Geschwindigkeit*, einer solchen Kugel lautet,

$$v_{\mathsf{St}} = \frac{2}{9}\frac{(\rho^{\mathsf{P}} - \rho^{\mathsf{F}})(d^{\mathsf{P}})^2}{\mu^{\mathsf{F}}} g = \frac{2}{9}\frac{\Delta\rho(d^{\mathsf{P}})^2}{\mu^{\mathsf{F}}} g. \tag{2.2.1}$$

Die Erdbeschleunigung g kann hier auch durch Cg ersetzt werden, wenn es sich um einen Sedimentationsprozess im Zentrifugalfeld handelt und sich die Partikelgröße nicht auf Grund von zum Beispiel Schwerkräften ändert. C wird als *Zentrifugalwert* bezeichnet und gibt die Stärke des Feldes in Vielfachem der Erdbeschleunigung an.

Bei der Betrachtung von Partikel–Suspensionen reicht die Beschreibung nur eines Partikels oft nicht mehr aus, da in der Regel verschiedene Größenfraktionen des Feststoffs vorliegen. Oft wird unter der Annahme, dass keine interpartikulären Wechselwirkungen stattfinden und unter Kenntnis einer Partikelgrößenverteilung die Sinkgeschwindigkeitsverteilung mit der Formel von Stokes errechnet. Umgekehrt und mit gleicher Annahme können auch aus einer Sinkgeschwindigkeitsverteilung die Partikelgrößen bestimmt werden. Allerdings benötigt man immer eine der beiden Informationen, um damit das gesamte Sedimentationsverhalten von Partikel–Suspensionen beschreiben zu können. Im Erdschwerefeld erhält man beispielsweise eine Sinkgeschwindigkeitsverteilung durch Experimente mit einer sogenannten *Sedimentationswaage*.

Deren Messprinzip wurde erstmals von Oden [75] beschrieben. Während des Experimentes wird die Masse der aus einer ursprünglich homogenen Suspension absedimentierenden Feststoffpartikel in Abhängigkeit der Zeit gemessen und automatisch aufgezeichnet. Aus den so erhaltenen Messwerten ist es anschließend möglich eine Sinkgeschwindigkeitsverteilung zu ermitteln. Diese wiederum könnte unter Annahme einer stabilisierten und stark verdünnten Suspension, in der dann für jedes sedimentierende Partikel die Stokes–Geschwindigkeit (2.2.1) gilt, in eine Partikelgrößenverteilung umgerechnet werden. Eine genaue Herleitung der Umrechnung auf eine Sinkgeschwindigkeitsverteilung und eine Diskussion und Erweiterung der Annahmen für Faser–Suspensionen findet sich in Kapitel 5.2.1.

In den meisten für die Praxis relevanten Sedimentationsprozessen findet jedoch keine ungestörte Sedimentation einzelner Partikel statt. So wurde in vielen Arbeiten versucht, den Konzentrationseinfluss auf das Sedimentationsverhalten zu klären und in einen geschlossenen Zusammenhang zu überführen.

Einen ersten Versuch unternahmen Richardson and Zaki [80]. Sie entwickelten empirisch eine Formel, die eine Verbindung zwischen der Stokes–Geschwindigkeit v_{St} für den Einzelpartikel und der Trennspiegelgeschwindigkeit v_{T} einer gesamten Suspension nur unter Kenntnis der Volumenkonzentration c_{V} liefert. Sie lautet,

$$v_{\mathrm{T}} = v_{\mathrm{St}}(1 - c_{\mathrm{V}})^{\alpha(\mathrm{Re})} \tag{2.2.2}$$

und wird heute noch vielfach angewendet. Die Ermittlung von v_T ist zum Beispiel durch Beobachtung einer Suspension in einem Standzylinder sehr leicht möglich. Dabei ist der Parameter $\alpha(\mathrm{Re})$ von der Reynoldszahl abhängig. Für langsame Partikel, also für Partikel im Stokes–Bereich, wird $\alpha(\mathrm{Re}) = 4,65$ angegeben. Ein Beispiel für eine Erweiterung dieser Relation ist von Michaels und Bolger [68] durch Experimente mit Hilfe von geflockten Kaolin–Suspensionen entwickelt worden. Sie lautet

$$v_\mathrm{T} = v_\mathrm{St}\left(1 - \frac{c_\mathrm{V}}{c_\mathrm{max}}\right)^{\alpha(\mathrm{Re})} \tag{2.2.3}$$

und berücksichtigt die maximal mögliche Feststoffkonzentration c_max eines Sediments des betrachteten Partikelsystems.

Die Methode der Trennspiegelbetrachtung hat aber auch einen erheblichen Nachteil speziell bei polydispersen Partikelsystemen, denn mikroskopische Vorgänge in der Suspension wie Entmischungsvorgänge oder Clusterbildung können nicht betrachtet werden. So bestimmt in der Regel die langsamste Partikelfraktion die Geschwindigkeit des Trennspiegels. Umfassende Erkenntnisse zu dem Einfluss der Polydispersität von Partikelsystemen auf dessen Sedimentationsverhalten sind in Koglin [56] zu finden. Dieser führte Experimente in verdünnten Suspensionen durch und konnte so zusätzlich das mikroskopische Partikelverhalten beobachten.

Weitere Experimente im Bereich höherer Konzentrationen wurden neben vielen anderen Autoren von Beiser [4], Beiser et al. [5] und Bickert [6] durchgeführt. Sie untersuchten das Sedimentationsverhalten von Partikel–Suspensionen mit Hilfe einer Manometerzentrifuge, die auch für einige in dieser Arbeit beschriebenen Ergebnisse verwendet wurde. Ihre Hauptergebnisse sind, dass die Sedimentationsgeschwindigkeit einer Partikel–Suspension nicht nur von der Konzentration, sondern auch vom pH–Wert des Fluids und gegebenenfalls der sich im Fluid befindenden Ionen, abhängt. Beiser [4] korrelierte das pH–Wert abhängige ζ–Potential verschiedener Quarz–, Kalkstein– und Kaolin–Suspensionen mit dem makroskopischen Sedimentationsverhalten der Suspension.

Das ζ–Potential ist ein Maß für die elektrische Abstoßungskraft von Partikeln in Flüssigkeiten. Die sogenannte *DLVO–Theorie* beschreibt allgemein diese Wechselwirkungen zwischen Partikeln. Da jedoch in dieser Arbeit die hydrodynamischen Wechselwirkungen im Vordergrund stehen, wird an dieser Stelle zur genaueren Beschreibung der anderen Wechselwirkungen auf die Autoren Derjaguin und Landau [21] sowie Verwey und Overbeek [91] verwiesen. Kurz kann man aber verallgemeinert sagen, dass ein betraglich hohes ζ–Potential zu einer großen Abstoßungskraft zwischen den einzelnen Partikeln führt. Dadurch liegen die Partikel vereinzelt vor und die Suspension ist stabilisiert. Dies führt zu einer wiederum niedrigeren Sedimentationsgeschwindigkeit der kleinen Primärpartikel im Vergleich zu der Sedimentation großer Agglomerate, die in einer destabilisierten Suspension vorliegen.

Bickert [6] untersuchte unter anderem den Einfluss der Volumenkonzentration auf das Sedimentationsverhalten von Partikel–Suspensionen. Er gab an, dass in verdünnten Suspensionen Partikel nahezu ungehindert sedimentieren, dem sogenannten *Stokes–Regime*. Mit weiterer Erhöhung der Konzentration beginnt eine Clusterbildung. Partikel schließen sich zu losen Clustern zusammen, die dann schneller sedimentieren, bis mit wiederum weiterer Konzentrationserhöhung ein Schwarmbereich erreicht ist. In diesem klassieren sich die Partikel während der Sedimentation und sinken insgesamt schneller ab. Schließlich ist dann eine Konzentration erreicht, bei der die gegenseitige Behinderung zwischen den Partikeln so stark zunimmt, dass sich die gesamte Sedimentation verlangsamt und so eine mittlere Sinkgeschwindigkeit unterhalb der Stokes–Geschwindigkeit erreicht wird. Der zuletzt beschriebene Konzentrationsbereich wird oft zur vollständigen Feststoffabtrennung genutzt, wohingegen der Bereich der Schwarmsedimentation zur Klassierung verwendet wird.

Diese experimentellen Ergebnisse beschreiben das Sedimentationsverhalten von homogen durchmischten Suspensionen. Sie befanden sich für die Messungen in einem Behälter oder einer Küvette, deren jeweilige Abmessungen so groß im Vergleich zu den Partikelradien waren, dass eine mögliche Beeinflussung vernachlässigt werden konnte. Eine andere Betrachtungsweise im Bereich der Partikelsedimentation wurde von Nitsche et al. [72] und Metzger et al. [67] durchgeführt. Sie betrachteten keine homogenen Suspensionen, sondern runde Partikelwolken, die aus vielen beliebig verteilten und monodispersen Einzelpartikeln zusammengesetzt waren. Diese Wolken sedimentierten dann im Außenraum, das heißt ungestört von jedweder Behälterwand.

Nitsche et al. [72] untersuchen diese Konfigurationen im Hinblick auf das Herauslösen einzelner Partikel aus der Gesamtwolke für verschiedene Partikelzahlen N zwischen 20 und 320. Die Geschwindigkeit v_{W} der Wolke stieg linear mit Anzahl N. der Partikel und ergibt sich zu,

$$\frac{v_{\mathrm{W}}}{v_{\mathrm{St}}} = \frac{6}{5} N \frac{a}{r_{\mathrm{W}}} + 1. \tag{2.2.4}$$

Dabei ist r_{W} der Radius der Wolke und a der Radius des Partikels.

Man erkannte auch, dass sich immer wieder einzelne Partikel aus der Wolke herauslösten.

Die Rate des Partikelverlustes wurde mit

$$-\frac{dN}{dt} \sim v_{\text{St}}\Big(\frac{3}{4\pi}\Big)^{\frac{4}{3}} \frac{a}{r_{\text{W}}^2} N^{\frac{4}{3}}$$

angegeben. Allerdings fand kein Aufbrechen oder auch keine Teilung der gesamten Wolke statt. Metzger et al. [67] erweiterten diese Untersuchungen, und entdeckten, dass wenn die Partikelzahl, von der die Einheit gebildet wird, größer wird (N>1000), bricht die gesamte Partikelwolke nach gewisser Zeit auf und zwei einzelne Wolken sedimentieren weiter.

2.2.2 Faser–Suspensionen

In den meisten Experimenten werden, sowie auch in dieser Arbeit, Fasern als starr betrachtet. Sie zeichnen sich durch eine Dicke d^{Fa} und eine Länge l^{Fa}, die in der Regel mehr als eine Größenordnung größer als die Dicke ist, aus. Das Verhältnis zwischen Länge und Dicke wird als *Aspect Ratio* $a_r := l^{\text{Fa}}/d^{\text{Fa}}$ bezeichnet. An dieser Stelle erkennt man bereits einen entscheidenden Unterschied zwischen einer Faser und einem Partikel. Das Partikel ist in der Regel nahezu rund und seine Geometrie ist allein durch den Durchmesser eindeutig bestimmt. Bei der Faser benötigt man dagegen bereits zwei geometrische Größen.

Die ersten grundlegenden Betrachtungen der Bewegung von länglichen Partikeln, in diesem Fall Ellipsen in einer Scherströmung, wurden von Jeffery [46] durchgeführt. Er entwickelte einen analytischen Zusammenhang für deren Bewegung und zeigte, dass die Ellipse einer periodischen Bewegung folgt, den sogenannten *Jeffrey Orbits*.

Eine analytische Formel für die Sedimentationsgeschwindigkeit eines schlanken Körpers, zum Beispiel eines Zylinders, entwickelten Batchelor [2] und Broersma [**?**] viele Jahre später. Bei der als *Slender Body Theory* bezeichneten Herleitung wird angenommen, dass man in einem Fluid in weiter Entfernung von einem langen und dünnen Körper, also einer Faser, diesen als Superposition von Kräftepotentialen entlang dessen Oberfläche betrachten kann. Diese Sichtweise erlaubt dann einen analytischen Zusammenhang zwischen der Kraft auf die Faser und die daraus resultierende Geschwindigkeit v^{Fa} anzugeben. Für das Erdschwerefeld gilt damit,

$$\begin{aligned} v^{\text{Fa}} = \frac{(\rho^{\text{Fa}} - \rho^{\text{F}})\,(d^{\text{Fa}})^2}{16\mu^{\text{F}}} \Big(&\big(\ln(2a_r) + 0,193 + O(\ln(2a_r))^{-1}\big) g \\ &+ \big(\ln(2a_r) - 1,807 + O(\ln(2a_r))^{-1}\big)(\theta \cdot g)\theta \Big). \end{aligned} \tag{2.2.5}$$

Dabei ist ρ^{Fa} die Dichte und θ die Orientierung der Faser gegenüber der Vertikalen.
Diese Formel zeigt, dass die längliche Form des Körpers über den Aspect Ratio a_r und die Orientierung θ der Faser gegenüber der Vertikalen erheblichen Einfluss auf dessen Sedimentationsgeschwindigkeit nimmt. So ist der zweite Term in obiger Formel gleich Null, wenn die Faser senkrecht zur Kraftrichtung, in diesem Fall der Erdbeschleunigung, steht und hat seinen vollen Einfluss, wenn sich die Faser parallel zur Kraftrichtung bewegt. So ergibt sich

$$v_{||}^{\mathsf{Fa}} = \frac{(\rho^{\mathsf{Fa}} - \rho^{\mathsf{F}})\,(d^{\mathsf{Fa}})^2}{16\mu^{\mathsf{F}}}\big(2\ln(2a_r) - 1{,}614 + O(\ln(2a_r))^{-1}\big)g, \tag{2.2.6}$$

$$v_{\perp}^{\mathsf{Fa}} = \frac{(\rho^{\mathsf{Fa}} - \rho^{\mathsf{F}})\,(d^{\mathsf{Fa}})^2}{16\mu^{\mathsf{F}}}\big(\ln(2a_r) + 0{,}193 + O(\ln(2a_r))^{-1}\big)g. \tag{2.2.7}$$

Hier wird deutlich, dass im Vergleich zu einem runden Partikel neben den zwei geometrischen Größen auch die Orientierung zur vollständigen Beschreibung des Sedimentationsverhaltens notwendig ist. Dieser Form– und Richtungseinfluss bei der Beschreibung der Teilchen ist gleichzeitig auch einer der Hauptunterschiede zwischen einer Faser–Sedimentation im Vergleich zu einer Partikel–Sedimentation.
Weitere Versuche zur Beschreibung der Bewegung einer Faser in einem Fluid wurden von Happel und Brenner [34, Ch. 5.11] unternommen. Sie leiten eine analytische Formel für die Sedimentationsgeschwindigkeit v^{El} eines elliptischen Körpers her, die als Spezialfall für einen langen elliptischen Körper schon seit Oberbeck [73] bekannt ist. Sie lautet

$$v_{||}^{\mathsf{El}} = \frac{(\rho^{\mathsf{Fa}} - \rho^{\mathsf{F}})\,(d^{\mathsf{Fa}})^2}{16\mu^{\mathsf{F}}}\big(2\ln(2a_r) - 0{,}5\big)g, \tag{2.2.8}$$

$$v_{\perp}^{\mathsf{El}} = \frac{(\rho^{\mathsf{Fa}} - \rho^{\mathsf{F}})\,(d^{\mathsf{Fa}})^2}{16\mu^{\mathsf{F}}}\big(\ln(2a_r) + 0.5\big)g. \tag{2.2.9}$$

Dabei gilt, dass für große Aspect Ratio (2.2.6) und (2.2.8) sowie (2.2.7) und (2.2.9) gleiche Werte liefern, [49]. Damit kann eine langgestreckte Ellipse, ebenfalls als Approximation einer Faser dienen.
Die Möglichkeit einer Approximation eines länglichen Körpers mit Hilfe einer Kugelkette wurde von Kasper [49] untersucht. Er führte Sedimentationsexperimente mit einzelnen Kugelketten aus Metall in einem hochvikosen Öl durch und bestimmte so einen Formfaktor, der äquivalent in einen Widerstandsbeiwert umgerechnet werden kann. Dieser Faktor wurde anschließend mit dem einer Ellipse und dem eines Zylinders verglichen und eine gute Übereinstimmung erkannt.

Wie schon im vorherigen Kapitel über Partikel beschrieben, reicht insbesondere hier die Kenntnis über die Sedimentationsgeschwindigkeit eines einzelnen Teilchens aus der Suspension bei Weitem nicht aus, um das makroskopische Sedimentationsverhalten beschreiben zu können. Vor allem ist zu beachten, wie sich abhängig von der Konzentration die Form und Richtung von Fasern auf das Verhalten der ganzen Suspension auswirkt.
Erste Untersuchungen des Konzentrationseinflusses von Faser–Suspensionen wurden von Kumar und Ramaro [58] durchgeführt. Sie beobachteten die Geschwindigkeit des Trennspiegels verschiedener Faser–Suspensionen in Abhängigkeit der Volumenkonzentration im Bereich von 0,5 V% bis 4,5 V%. Dazu verwendeten sie Glasfasern der Länge 250 µm mit Aspect Ratios von 5 und 25, die sie in einer Glycerinlösung in einem Standzylinder mit 32 mm Durchmesser absedimentieren ließen. Ihr erstes Ergebnis war: Je höher die Konzentration, desto langsamer ist die Trennspiegelgeschwindigkeit. Sie erkannten dabei die Bildung von Faser–Clustern, die bei den geringeren Volumenkonzentrationen sehr schnell absedimentierten, aber bei hohen Konzentrationen durch gegenseitige Behinderung abgebremst wurden. Durch Zugabe einer genügend großen Menge eines Additivs als Stabilisiator konnten sie erkennen, dass die Trennspiegelgeschwindigkeit sehr stark abnahm. Dies wurde mit einer Verhinderung der Clusterbildung durch eine Erhöhung der abstoßenden Kräfte begründet. Leider wurde hier nur der Trennspiegel betrachtet, der in der Regel von den langsamsten Fasern bestimmt wird. Über eine mögliche quantitative Clusterbildung im Inneren der Suspension und über deren Auswirkung auf die Sinkgeschwindigkeitsverteilung konnte keine Aussage getroffen werden. Die Autoren gaben auch an, dass, um Randeffekte des Messzylinders bei ihren Experimenten zu vermeiden, dessen Durchmesser mehr als einhundertmal größer als die Faserlänge sein sollte.
In Jokinen et al. [48] wird das Verhalten von Fasern im Bereich der Papierindustrie untersucht. Dabei wird die mechanische Interaktion und somit die Länge der Faser als Hauptmechanismus für eine Clusterbildung genannt. Dies bedeutet, dass bei unterschiedlichen Faserlängen bereits schon verschiedene Verhaltensweisen zu beachten sind.
Weitere Untersuchungen mit Faser–Suspensionen führten Turney et al. [89] bei Volumenkonzentrationen von 3,8 V% bis 11,8 V% durch. Sie betrachteten das Konzentrationsprofil von den Faser–Suspensionen in einem Messzylinder in Abhängigkeit der Höhe und zu bestimmten Zeiten mittels Magnet–Resonanz–Spektroskopie. So konnten auch sie die Geschwindigkeit eines Trennspiegels ermitteln. Das Ergebnis ist eine mit zunehmender Konzentration abnehmende Trennspiegelgeschwindigkeit, welche kleiner als die Sinkgeschwindigkeit einer

Einzelfaser (2.2.5) ist. In diesen Experimenten betrug die Faserlänge 323 µm und der Aspect Ratio 17,4. Es fällt weiter auf, dass nach relativ kurzer Zeit ein lockeres Sediment entstand, welches dann innerhalb von mehr als 22 Tagen um weitere 30% konsolidierte. Dies zeigt, dass bei Sedimenten von Faser–Suspensionen noch relativ lange nach Abschluss der freien Sedimentation Umlagerungen im Sediment stattfinden.

Wegen des großen Einflusses der Fasergeometrie ist es jedoch fraglich, ob alleine die Volumenkonzentration der richtige Parameter zur Beschreibung der effektiven Feststoffkonzentration einer Faser–Suspension ist. Dies gilt insbesondere, wenn ein quantitativer Vergleich zum wesentlich bekannteren Sedimentationsverhalten von Partikel–Suspensionen zu ziehen ist. Daher führten Kerekes et al. [52] im Zusammenhang mit Faser–Suspensionen, von denen vergleichbare in der Papierindustrie zu finden sind, einen erweiterten Konzentrationsbegriff, den sogenannten *Crowding Faktor* N, ein. Dieser ist wie folgt definiert,

$$\mathrm{N} := \frac{2}{3} c_{\mathrm{V}} \left(\frac{l^{\mathrm{Fa}}}{d^{\mathrm{Fa}}}\right)^2 =: \begin{cases} \mathrm{N} < 10, & \text{verdünnte Suspension,} \\ 10 < \mathrm{N} < 60, & \text{halb–verdünnte Suspension,} \\ 60 < \mathrm{N}, & \text{konzentrierte Suspension.} \end{cases} \tag{2.2.10}$$

Er hängt also nicht nur von der Volumenkonzentration, sondern auch quadratisch vom Aspect Ratio der Faser ab. In der gleichen Veröffentlichung finden sich Konzentrationseinteilungen für diesen Faktor, mit denen man von einer konzentrierten, einer halb–verdünnten und einer verdünnten Suspension sprechen kann, (2.2.10). Es ist zu bemerken, dass beispielsweise zwei Faser–Suspension mit 0,1 V% Feststoffgehalt, die aber einmal aus Fasern mit Aspect Ratio von 100 und ein andermal aus Fasern mit Aspect Ratio von 10 bestehen, im ersten Fall als konzentriert gelten und im zweiten Fall als verdünnt. Dieser Faktor wird auch von Kropholler et al. [57] aufgegriffen, um die Längenverteilung von Faser–Suspensionen für TMP (Thermo Mechanical Pulp: Thermisch und Mechanisch erzeugte Fasern aus Cellulose) und anderen Cellulosefasern zu beschreiben.

Aber auch diese neue Definition der Feststoffkonzentration ist nicht die in der Literatur einzig angewandte. Eine andere effektive Feststoffkonzentration wurde von Blanc [9] eingeführt. Mit n^{Fa} als der Faseranzahl pro Einheitsvolumen und c_{V} der Volumenkonzentration lassen sich demnach vier dimensionslose Kennzahlen und Konzentrationsbereiche, wie in Tabelle 2.1 gezeigt, einteilen. Des Weiteren zeigt diese Tabelle den Zusammenhang zwischen der Konzentrationsdefinition von Blanc und dem Crowding–Faktor. Beide Definitionen stimmen darin überein, dass im Vergleich zu Partikel–Suspensionen nicht nur die Volumen-

Tabelle 2.1: Konzentrationsdefinition für Fasern der Abmessungen $l^{\mathsf{Fa}} = 10^{-3}$m und $d^{\mathsf{Fa}} = 10^{-5}$m also einem Aspect Ratio von 100.

n^{Fa}	$n^{\mathsf{Fa}}(l^{\mathsf{Fa}})^3$	$n^{\mathsf{Fa}}(l^{\mathsf{Fa}})^2 d^{\mathsf{Fa}}$	$n^{\mathsf{Fa}} l^{\mathsf{Fa}}(d^{\mathsf{Fa}})^2$	$c_{\mathsf{V}} \setminus \%$	**Bereich**
	$\approx 0,24$ N	$\approx 0,24\, d^{\mathsf{Fa}}/l^{\mathsf{Fa}}$ N	$\approx 0,24\,(d^{\mathsf{Fa}}/l^{\mathsf{Fa}})^2$ N		
Bedingung: $n^{\mathsf{Fa}}(l^{\mathsf{Fa}})^3 > n^{\mathsf{Fa}}(l^{\mathsf{Fa}})^2 d^{\mathsf{Fa}} > n^{\mathsf{Fa}} l^{\mathsf{Fa}}(d^{\mathsf{Fa}})^2 \propto c_{\mathsf{V}}$					**verdünnt**
10^8	$0,1$	10^{-3}	10^{-5}	$0,000785$	
	N ≈ 0.41				
Bedingung: $1 \gg n^{\mathsf{Fa}}(l^{\mathsf{Fa}})^3 \gg n^{\mathsf{Fa}}(l^{\mathsf{Fa}})^2 d^{\mathsf{Fa}} \gg n^{\mathsf{Fa}} l^{\mathsf{Fa}}(d^{\mathsf{Fa}})^2 \propto c_{\mathsf{V}}$					**halb verdünnt**
10^{10}	10	$0,1$	$0,001$	$0,0785$	
	N $\approx 41,67$				
Bedingung: $n^{\mathsf{Fa}}(l^{\mathsf{Fa}})^3 \gg 1 \gg n^{\mathsf{Fa}}(l^{\mathsf{Fa}})^2 d^{\mathsf{Fa}} \gg n^{\mathsf{Fa}} l^{\mathsf{Fa}}(d^{\mathsf{Fa}})^2 \propto c_{\mathsf{V}}$					**konzent.**
10^{12}	1000	10	$0,1$	$7,85$	
	N ≈ 4166				
Bedingung: $n^{\mathsf{Fa}}(l^{\mathsf{Fa}})^3 \gg n^{\mathsf{Fa}}(l^{\mathsf{Fa}})^2 d^{\mathsf{Fa}} \gg 1 \gg n^{\mathsf{Fa}} l^{\mathsf{Fa}}(d^{\mathsf{Fa}})^2 \propto c_{\mathsf{V}}$					**geordnet**
10^{13}	10^4	100	1	$78,5$	

konzentration sondern auch der Aspect Ratio einen entscheidenden Einfluss auf den Konzentrationsbereich der Suspension ausübt. Man erkennt weiterhin, dass die angegebenen Konzentrationseinteilungen für obiges Beispiel im Mittel übereinstimmen, sich an den Bereichsgrenzen jedoch unterscheiden. Dies zeigt auch, dass die Konzentrationsdefinition für Faser–Suspensionen weiterer Untersuchungen bedarf.

In diesem Kontext betrachteten Herzhaft und Guazzelli [39] das mikroskopische Verhalten von Fasern bei der Sedimentation. Zur Einteilung verwendeten sie oben aufgeführte Definition von Blanc [9]. Für ihre Experimente präparierten sie einen Teil der Fasern in der Suspension und beobachteten diese mit einer Kamera. Das Ziel war nicht nur Informationen über das makroskopische Verhalten des Trennspiegels, sondern auch über das mikroskopische Verhalten der Fasern innerhalb der Suspension zu erhalten. Durch Angabe von Geschwindigkeits– und Richtungsverteilungen, konnte so detailliert das Sedimentationsverhalten der Fasern im Hinblick auf Ausrichtung und Clusterbildung untersucht werden. Sie verwendeten Fasern verschiedener Längen mit Aspect Ratios zwischen 5 und 32 und Suspensionen verschiedener Konzentrationen.

Ein Ergebnis zeigt die Abhängigkeit der mittleren Fasergeschwindigkeit von der Konzentration. Bei Fasern mit einem Aspect Ratio von 11 durchläuft diese angefangen bei der Stokes Geschwindigkeit für sehr geringe Konzentrationen ein Maximum, um im weiteren Verlauf sogar auf Werte weit unter die Stokes–Geschwindigkeit zu fallen. Dieser Verlauf korreliert qualitativ mit den Bereichseinteilungen bei Partikeln von Bickert [6].

Für Fasern mit Aspect Ratio 32 ist kein ausgeprägtes Maximum zu erkennen. Allerdings kann dort ein Zusammenhang zwischen Geschwindigkeit, Volumenkonzentration sowie Einzelfasergeschwindigkeit, vergleichbar mit dem von Richardson und Zaki (2.2.2) mit einem Exponenten von 9, angenommen werden. Durch Beobachtung des mikroskopischen Verhaltens erkannten die Autoren, dass sich Fasern im Mittel immer wieder in Kraftrichtung ausrichten sowie umflippen. Das heißt, Fasern verlassen die stabile und parallele Lage zur Kraftrichtung nur selten und wenn, drehen sie sich innerhalb kurzer Zeit einmal um 180 Grad.

Es wurde zusätzlich gezeigt, dass die senkrechte Fasergeschwindigkeit im Mittel der Stokes–Geschwindigkeit (2.2.5) für Fasern entspricht. Die Sinkgeschwindigkeitsverteilung ist jedoch sehr breit. So sind einige Fasern oder Cluster zu finden, die bei einem Aspect Ratio von 11 bis zu 3 Mal schneller und bei einem Aspect Ratio von 32 bis zu 8 Mal schneller als eine Einzelfaser sind. Die waagerechte Sinkgeschwindigkeitskomponente ist ebenfalls um die bei ausgerichteter Faser erwartete waagerechte Geschwindigkeit von Null konzentriert. In diesem Fall ist die Verteilung wesentlich enger. Dies heißt wiederum, dass es kaum eine seitwärtige Drift der sedimentierenden Fasern gibt. Eine weitere Aussage ist, dass die Fasern Cluster bilden, die eine stationäre Größe haben und dass auch die mittlere Sinkgeschwindigkeit stationär und gleichzeitig viel größer als die Stokes–Geschwindigkeit einer isolierten Einzelfaser ist. Die Autoren kommen weiter zu dem Schluss, dass die verwendete Konzentrationseinteilung noch nicht ausreichend ist, um eine hinreichende Beschreibung der verschiedenen Konzentrationsbereiche zu liefern. Dies zeigt nochmals die Schwierigkeit, die Konzentration von Faser–Suspensionen im Vergleich zu Partikel–Suspensionen zu beurteilen.

Eine weitere interessante Eigenschaft von Faser–Suspensionen ist die Abhängigkeit der Geschwindigkeitsfluktuation von der Zeit, [39], [65], [66]. Sie ist definiert als Quotient aus der Standardabweichung der Sinkgeschiwndigkeitsverteilung und deren Mittelwert, das heißt ein Maß dafür, in welchem Maße sich die Verteilung speziell zu Sedimentationsbeginn ändert.

Man stellt weiter fest, dass die dimensionlose Zeit, in der diese Geschwindigkeitsfluktuation gegen einen konstanten Wert läuft, von dem Aspect Ratio der Fasern abhängt. Dieses Verhalten wird bei der Deutung der experimentellen Ergebnisse dieser Arbeit einen entscheidenden Hinweis liefern.

Metzger et al. [65] untersuchten diese Fluktuationen detaillierter und kamen zu dem Ergebnis, dass sie erst steil ansteigen, um dann ein Maximum zu durchlaufen und langsam wieder abzufallen. Dieser qualitative Verlauf ist dabei unabhängig von dem Sedimentationsmedium, dem Sedimentationsgefäß oder der Fasergeometrie. Sie erkannten aber, dass die Fluktuationen mit zunehmender Konzentration zunehmen. Allerdings wurden die Experimente, wenn man die Einteilung des Crowding Faktors betrachtet, nur im verdünnten Bereich durchgeführt.

Eine aktuelle Arbeit von Park et al. [77] beschäftigt sich mit der Sedimentation von Faserwolken, die aus Fasern mit einem Aspect Ratio von 5 zusammengesetzt sind und im Außenraum sedimentieren. Wie auch schon bei den Partikelwolken erkennt man hier ein Aufbrechen. Dieses findet aber im Vergleich schon viel früher und auch bei einer geringeren Anzahl von Teilchen statt. Des Weiteren entstehen nach dem Aufbrechen nicht nur zwei sondern teilweise mehrere Einzelwolken.

Zusammenfassend gilt, dass Faser– im Vergleich zu Partikel–Suspensionen nicht nur über die Volumenkonzentration charakterisiert werden können. Man benötigt vielmehr eine modifizierte Definition, die den Aspect Ratio der Fasern mitberücksichtigt. So entstehen auch schon bei relativ geringen Volumenkonzentrationen lockere Sedimente und es kommt zu Behinderungen, die eine freie Sedimentation verhindern. Allgemein richten sich Fasern auch schon bei geringen Volumenkonzentrationen beim Sedimentieren in Kraftrichtung aus und bilden Cluster, die dann wesentlich schneller absedimentieren als eine Einzelfaser. Dieses Verhalten ist dabei stark von den geometrischen Eigenschaften der Fasern abhängig.

2.2.3 Faser–Partikel Suspensionen

Alle bisher beschriebenen Ergebnisse wurden mit reinen Faser–Suspensionen durchgeführt. Untersuchungen zu Faser–Partikel–Suspensionen sind dagegen in der Literatur kaum vorhanden. Harlen and Sundararajakumar [35] führten Experimente durch, in denen Sie eine schwere Kugel durch eine Faser–Suspension sedimentieren ließen und den Widerstandsbeiwert betrachteten. Solche Untersuchungen sind im Zusammenhang mit der Kugelfall Rheo-

metrie zu sehen [69]. Ein Resultat ist, dass die Kontakte und hydrodynamischen Interaktionen zwischen den kleinen Fasern und der schweren und großen Kugel des Rheometers zu beachten sind, um eine Viskosität zu bestimmen.
Allerdings wurden Suspensionen, in denen Fasern und Partikel gleichberechtigt an dem Sedimentationsprozess teilnehmen, bisher nicht betrachtet. Dies unterstreicht die Notwendigkeit zu weitergehenden Untersuchungen zum Sedimentationsverhalten von Faser–Partikel–Suspensionen.

2.3 Simulationen von Sedimentationsvorgängen

In den letzten Kapiteln wurde ein Überblick über analytische Ausdrücke zur Beschreibung einzelner Teilchen sowie über die experimentellen Möglichkeiten und deren Ergebnisse gegeben. Schließlich wurde herausgearbeitet welche weiteren notwendigen Untersuchungen durchzuführen sind. Im Folgenden wird nun auf die Möglichkeiten zur Simulation der Sedimentationsvorgänge von Suspensionen eingegangen. Bei diesen muss zunächst grundsätzlich zwischen zwei Herangehensweisen oder Verfahren zur Betrachtung der dispersen, partikulären Phase unterschieden werden. Die eine ist die *Eulersche*, die andere die *Lagrange* Betrachtungsweise.
Die Eulersche Betrachtungsweise geht auf Kynch [59] zurück und wird heute vielfach angewandt, siehe auch Bürger [13] sowie Buscall [15] und deren angegebene Referenzen. Bei dieser Art von Modellierung wird die disperse Phase als Kontinuum verstanden und muss die Kontinuitätsgleichungen erfüllen. Des Weiteren benötigt man für die Modellierung eine Phasenübergangsfunktion, die Informationen über das Verhalten der einen, in diesem Fall partikulären Phase im Vergleich zu der anderen, fluiden Phase, in Abhängigkeit der jeweiligen Anteile liefert. Diese Informationen können approximiert, oder durch Experimente für jedes Stoffsystem bestimmt werden. Eine Übersicht über mögliche Experimente zur Bestimmung dieser Phasenübergangsfunktion findet sich in [26]. Der dadurch entstehende Vorteil ist, dass man das Sedimentations– und Konsolidierungsverhalten von Suspensionen beliebiger Konzentrationen sehr schnell auch für komplexe Geometrien und Apparate wie Zentrifugen berechnen kann, da kein allzu großer Rechenaufwand auf Grund der Betrachtung von einer genügend großen Anzahl an Partikeln entsteht. Allerdings kann auf diese Weise nur das makroskopische Verhalten abgebildet werden.

Im ersten Abschnitt dieses Kapitels wurde jedoch schon deutlich, dass gerade bei Faser–Suspensionen das mikroskopische Verhalten von entscheidender Bedeutung ist. Daher ist die Eulersche Betrachtungsweise in diesem Fall nicht sinnvoll.
Bei der lagrangeschen Betrachtungsweise, die unter anderen auf Batchelor [2] zurückgeht, wird jedes einzelne Feststoffpartikel betrachtet und mit Hilfe der Bewegungsgleichungen aus der Partikeldynamik berechnet. Dadurch können auch mikroskopische Bewegungen und Strukturen betrachtet werden. Die Ergebnisse geben zusätzliche Informationen, um das makroskopische Verhalten besser zu verstehen. Die Herausforderung besteht bei der Betrachtung aber in der Teilchenzahl. Denn es wird einerseits eine genügend große Anzahl benötigt, um reale Sedimentationsvorgänge möglichst gut abbilden zu können, andererseits ist man dahingehend limitiert, dass mit der Anzahl auch der Zeitaufwand für eine Simulation stark zunimmt.

2.3.1 Simulation von Partikel–Suspensionen

Dreidimensionale Simulationen von Sedimentationsvorgängen von beliebig verteilten Partikeln wurden erst mit der Entwicklung von Hochleistungscomputern möglich und sind auf Grund der Rechenzeit immer noch eine Herausforderung.
Grundlage zur Beschreibung dieser Vorgänge sind für die meisten Simulationen die Stokes–Gleichungen (2.1.3), (2.1.4). Für diese gibt es bei einer Betrachtung von drei oder mehr Partikeln keine geschlossene, analytische Lösung. Um dennoch eine hinreichende Anzahl an Partikeln simulieren zu können und so die Frage zu klären, wie die Anwesenheit von anderen Partikeln die Sedimentationseigenschaften einer Suspension beeinflusst, wurden zunächst periodische Gebiete betrachtet. Das Ziel war das gleiche, wie bei vielen experimentellen Untersuchungen. Es sollte eine geschlossene Formel entwickelt werden, vergleichbar mit dem experimentellen Ergebnis von Richardson und Zaki (2.2.2) und dessen Erweiterungen. Sie liefert einen Zusammenhang zwischen Geschwindigkeit der Fluids, Kraft auf die Partikel und der Feststoffkonzentration einer Partikel–Suspension. Insgesamt erhält man so eine Aussage über die Veränderung der Sedimentationsgeschwindigkeit bei Konzentrationsänderung.
Einen ersten Ansatz dazu gab Hasimoto [36]. Er betrachtete die Auswirkungen einer Strömung durch ein unendlich ausgedehntes periodisches Feld von kleinen kugelförmigen Partikeln. Die Partikel modellierte er, indem er eine Fundamentalzelle periodisch fortsetzte. In der Mitte dieser befand sich ein Partikel, mit kleinem Radius im Vergleich zur Zellenausdehnung.

Durch die getroffenen Annahmen konnte er dieses dann als einen Kraftpunkt repräsentieren. Mit Hilfe der Fundamentallösung von Burgers [14] und Lamb [60] für das periodische Stokes–Problem, war Hasimoto schließlich in der Lage einen geschlossenen Zusammenhang zwischen Anströmgeschwindigkeit und Kraft auf das Partikel in der Fundamentalzelle in Abhängigkeit der Konzentration dieser, also der Größe der Fundamentalzelle, herzuleiten. Ein ähnliches Vorgehen verwendet Saffman [81], um die mittlere Geschwindigkeit von Partikeln in einer periodisch regelmäßigen und einer zufällig verteilten beliebigen Anordnung zu betrachten. Zick and Homsy [92] griffen ebenfalls diese Herangehensweise auf, um mit direkter numerischer Simulation (DNS) und ohne weitere Vereinfachungen und damit auch ohne die Annahme, dass das Partikel klein sein muss, Hasimotos Lösung nachzurechnen und für höhere Konzentrationen zu erweitern.

Die instationäre Simulation von Sedimentationsvorgängen mit vielen Partikeln ohne Verwendung eines periodischen Gebiets benötigt passende mathematische Methoden, die die hydrodynamischen Partikelinteraktionen hinreichend gut abbilden können. Jeffrey und Onishi [47] gaben als erste Formeln an, mit denen man die Wechselwirkungen zweier Partikel unterschiedlicher Größe beschreiben kann. Ihr Modell basiert auf einer Approximation der Integraldarstellung der Stokes–Gleichungen (2.1.3), (2.1.4) für einen Partikel im Außenraumgebiet. Mit Hilfe einer Multipolentwicklung zerlegen sie diese Integraldarstellung in Momente, die wiederum in erster und zweiter Näherung mit der Kraft und dem Moment auf ein Partikelen übereinstimmen. Daraus wurde die Methode der *Stokesian Dynamics (SD)* entwickelt, vielfach angewandt und erweitert, [11], [17], [18], [23], [61].

Da dieses die Methode ist, die im Rahmen dieser Arbeit implementiert, untersucht und verwendet wurde, wird an dieser Stelle nicht weiter darauf eingegangen. Eine detaillierte Herleitung und Tests zu dieser Methode sind in Kapitel 3 zu finden. Eine einfachere Entwicklungsstufe dieses Prinzips wendeten Bosse et al. [10] an, um das Aufbrechen von Partikelwolken unter Variation der Reynoldszahlen zu untersuchen. Ekiel-Jezewska et al. [25] berechneten die Geschwindigkeiten von zwei mehrfach beliebig aufgebauten Partikelwolken mit 20 und 1000 Partikeln und bestimmten die Abweichungen vom jeweiligen Geschwindigkeitsmittelwert, der durch die Formel (2.2.4) gegeben ist. Das Ergebnis ist, dass bei 20 Partikeln die Verteilung in Richtung höherer Geschwindigkeiten verschoben ist. Auch Metzger et al. [67] verwendeten diese Vereinfachung um das Verhalten der Partikelwolken, das sie zuvor experimentell untersuchten, weiter zu studieren.

Aus einer Verbindung zwischen der Methode der Stokesian Dynamics und der Idee von Hasimoto [36] entwickelten Bennakker [3] und Brady et al. [12] die *Accelerated Stokesian Dynamics* (ASD). Diese Erweiterung ermöglichte es, Partikel–Suspensionen in einem periodischen Gebiet zu betrachten. Einige Jahre später wurde von Guckel [32] in Verbindung mit der Idee für den Point–Particle–Mesh Algorithmus von Hockney [41], die Rechenzeit für die Berechnung der hydrodynamischen Kraft verbessert und so Berechnungen von einer größeren Anzahl an Partikeln ermöglicht. Der Autor simulierte in dem Zusammenhang ebenfalls hochkonzentrierte Partikel–Suspensionen, um deren Verhalten in Verbindung mit rheologischen Experimenten zu korrelieren.
Eine weitere Möglichkeit zur Beschreibung von Sedimentationsvorgängen im Außenraum ist die direkte numerische Simulation. Grundlegende Arbeiten für diese lieferten Hu et al. [42], [43]. Sie zeigten das sogenannte *Tumbling and Kissing* Verhalten zweier sich bewegender Kugeln. Dabei nähert sich die Hintere der vorderen Kugel an, berührt diese, schiebt sie zur Seite und überholt. Weitere Arbeiten im Zusammenhang mit direkten Simulationen in turbulenten Strömungen, die in dieser Arbeit nicht betrachtet werden, sind zum Beispiel bei Uhlmann [90] zu finden.
Ein Vorteil der DNS ist aber die Möglichkeit, beliebige Formen und Größen zu betrachten und ohne weitere Vereinfachungen an das Modell erweiterte Fragestellungen zum Beispiel durch Einbringen anderer interpartikulärer Einflüsse zu untersuchen, [50]. So wurden in Nirschl [71] die Bewegung eines Partikels zwischen zwei Platten in einer Scherströmung mit Hilfe eines Chimera-Verfahrens berechnet. Dieses arbeitet mit einem körperfesten und einem Raumgitter und realisiert so die Bewegung der Partikel. Keller et al. [50] benutzten ebenfalls zwei überlappende Gitter, um die Kraft auf ein Partikel in einem newtonschen Elektrolyt zu berechnen.
Das Verhalten von unterschiedlichen Partikelgrößen wurde von Pozrikidis [79] ebenfalls mit Hilfe einer direkten numerischen Simulation berechnet. Er betrachtete die Bewegung zweier Partikel in einer Scherströmung unter Variation des Radienverhältnisses der Partikel. Insbesondere ist dies die einzige Literaturstelle, in der Simulationsergebnisse zur Bewegung von Partikeln unterschiedlicher Größe in Flüssigkeiten auf Basis der Stokes Gleichungen zu finden sind. Weitere direkte numerische Simulationen von Sedimentationsvorgängen mit acht Partikeln, die als zwei Tetraeder angeordnet sind, wurden von Takeuchia [87] beschrieben und hinsichtlich des Agglomerationsverhaltens untersucht.

2.3.2 Simulation von Faser–Suspensionen

Für die Simulation des Sedimentationsverhaltens von Faser–Suspensionen wurde die Stokesian Dynamics bereits von einigen Autoren erweitert. Angefangen mit der Idee von Guckel [32] erweiterten Butler und Shaqfeh [16], Sirou und Brady [85] sowie Saintillan et al. [82] diese Methode auch für Faser–Suspensionen. Ihre Ergebnisse korrelierten sie größtenteils mit den Experimenten von Herzhaft und Guazzelli [39] und erhielten eine gute Übereinstimmung bei der Betrachtung der mittleren Geschwindigkeiten und der Richtungsverteilung der sedimentierenden Fasern. Die Idee, die dieser Erweiterung zu Grunde liegt, ist an die Slender Body Theory angelehnt. Die Fasern werden als Kraftpunkte auf ein regelmäßiges Hintergrundgitter projiziert und das Geschwindigkeitsfeld um dieses Gitter berechnet. Man erhält so einen Geschwindigkeitswert der Strömung an jedem Gitterpunkt. Anschließend werden diese Gittergeschwindigkeiten mit Hilfe einer Spline Interpolation wieder zurück auf die Faser transformiert. Eine Vereinfachung dieser Faser Modellierung wendeten Park et al. [77] an und berechneten so die zuvor experimentell untersuchten Faserwolken im Hinblick auf deren Aufbrechen.

In dieser Arbeit wird angenommen, dass die Fasern starr sind. Wie aber bei dem Überblick über die bisherigen experimentellen Untersuchungen im Zusammenhang mit Jokinen [48] schon erwähnt, begünstigt eine Flexibilität die Bildung von Clustern aus Fasern. Diesen Zusammenhang bestätigten Schmid und Klingenberg [83] durch Simulation von flexiblen Fasern, die sie aus starren Zylinderelementen zusammensetzen. Sie erkannten beispielsweise, dass flexible Fasern länger in einem gebildeten Cluster verbleiben als starre Fasern. Eine Erweiterung der Slender Body Theory zur Simulation von langen und flexiblen Fasern stellen Tornberg und Shelly [88] vor und betrachteten damit das Verhalten einer Faser–Suspension aus flexiblen Fasern in einer Scherströmung im Hinblick auf deren Verbiegung und Relaxation.

2.3.3 Simulation von Agglomeraten in Suspensionen

Ergebnisse zu Simulationen von Faser–Partikel–Suspensionen sind in der Literatur nicht zu finden. Jedoch wurde die Methode der Stokesian Dynamics von Binder et al. [7], bereits erfolgreich für Simulationen von Agglomeratbewegungen in Flüssigkeiten verwendet. Dabei wurde ein Agglomerat aus Kugeln aufgebaut und mit Hilfe des Steiner'schen Satzes (vgl.

zum Beispiel [31]) nach Berechnung der einzelnen Kräfte in der Fluidströmung bewegt und verformt. Ziel der Arbeit war es, das Ausrichtungs- und Deagglomerationsverhalten von Agglomeraten in Fluiden genauer zu untersuchen.

2.3.4 Weitere Simulationen von Teilchen

Weitere Simulationen von Teilchen und Agglomeraten sind unter dem Stichwort DEM (Diskrete Elemente Methode) zu finden. Der Bewegungsschritt der Teilchen ist gleich dem der Stokesian Dynamics, denn auch hier werden der Partikelbewegung die newtonschen Bewegungsgleichungen zugrunde gelegt. Allerdings wird bei DEM–Simulationen gerade nicht der detaillierte hydrodynamische Einfluss der Partikel untereinander betrachtet, so dass diese Methode in dieser Arbeit nur am Rande erwähnt wird und in zukünftigen Arbeiten eine Erweiterung darstellen könnte. Dies ist dadurch bedingt, dass die hydrodynamischen Kräfte eine große Reichweite aufweisen. Das bedeutet, um die hydrodynamischen Einfluss auf ein Partikel hinreichend gut bestimmen zu können, müssen viele auch noch relativ weit entfernte Partikel betrachtet werden. Die DEM-Methode betrachtet hingegen andere Einflüsse, die keine so große Reichweite haben und für die hinreichend genaue Näherungsformeln existieren. Als Beispiel sind Kontaktkräfte [20], [38], [70], elektrische Kräfte [21], [91] oder magnetische Kräfte [24] zu nennen. Weil man für all diese Kräfte lediglich eine geringe Anzahl an Partikeln betrachten muss, um sie hinreichend gut zu approximieren, können so eine Vielzahl an Partikeln berechnet werden.
Versuche, die hydrodynamischen Einflüsse in diese DEM–Berechnungen mit einzubeziehen, werden als one–way– oder two–way–coupling bezeichnet und sind zum Beispiel in Marschall et al. [64] dargestellt. Verallgemeinert kann man für alle solche hydrodynamischen Berechnungen sagen, dass die Einflüsse nur approximiert wurden. Oft geschieht dies durch Simulation eines Hintergrundströmungsfeldes ohne Partikel, um dann die hydrodynamische Kraft mit Hilfe der Geschwindigkeit an den Partikeloberflächen oder am Partikelmittelpunkt und unter Annahme eines Widerstandsgesetzes zu berechnen. In allen Fällen ist keine so detaillierte Betrachtung des hydrodynamischen Einflusses auf die Sedimentation wie bei den Stokesian Dynamics möglich. Ein Vorteil der DEM ist allerdings, dass auch turbulente Strömungen betrachtet werden können.

Kapitel 3

Herleitung der Stokesian Dynamics

Die Ergebnisse der Simulationen, die in dieser Arbeit diskutiert werden, wurden mit der Methode *Stokesian Dynamics* erzielt. Diese Methode ist bereits aus der Literatur bekannt und es wurden bereits einige Problemstellungen mit ihrer Hilfe untersucht. Sie erlaubt es, die hydrodynamischen Wechselwirkungen der Partikel untereinander zu approximieren, ohne das vollständige Geschwindigkeitsfeld berechnen zu müssen. Schließlich kann man mit dieser Methode insbesondere Simulationen des mikroskopischen Verhaltens von Faser–Partikel–Suspensionen durchführen. Daher wird sie an dieser Stelle im Detail hergeleitet. Zunächst werden dabei die Definitionen und benötigten Grundgleichungen genannt. Anschließend wird auf die getroffenen Annahmen und Erweiterungen eingegangen und schließlich ein gesamter Algorithmus zur Simulation vorgestellt.

3.1 Die newtonschen Bewegungsgleichungen

Die Grundgleichungen für Bewegungen von Partikeln sind die Newtonschen Bewegungsgleichungen. Mit Hilfe dieser lassen sich unter Kenntnis der Kraft und des Moments an einem Partikel dessen Geschwindigkeit und Rotation berechnen. Bei der einfachsten Form der Stokesian Dynamics ist die Gesamtkraft F^α und das Gesamtmoment T^α, welche auf die Partikeloberfläche ∂B^α wirken, durch die Fluidströmung und die äußeren Kräfte, hier nur die Gewichtskraft, bestimmt. Diese Beziehungen lauten,

$$F^\alpha = m^{\mathsf{P}}_\alpha g + \oint_{\partial B^\alpha} \sigma[u, p_{\mathrm{g}}]\nu, \qquad T^\alpha = \oint_{\partial B^\alpha} (x - x^\alpha) \times \sigma[u, p_{\mathrm{g}}]\nu.$$

Dabei ist ρ^{P} die Dichte und $m^{\mathsf{P}}_\alpha := \rho^{\mathsf{P}} \operatorname{vol}(B^\alpha)$ die Masse des Partikels. ν bezeichnet die äußere Normale an B^α. Für die Kraft, die das Fluid auf den Partikel ausübt, gilt mit (2.1.2) weiter

$$\begin{aligned} \oint_{\partial B^\alpha} \sigma[u, p_{\mathrm{g}}]\nu &= \oint_{\partial B^\alpha} \sigma[u, p - \rho^{\mathsf{F}} g \cdot x]\nu = \oint_{\partial B^\alpha} \sigma[u, p]\nu - \rho^{\mathsf{F}} \oint_{\partial B^\alpha} \sigma[0, g \cdot x]\nu \\ &= \oint_{\partial B^\alpha} \sigma[u, p]\nu - \rho^{\mathsf{F}} \oint_{\partial B^\alpha} \nu \otimes x\, g = \oint_{\partial B^\alpha} \sigma[u, p]\nu - m^{\mathsf{F}}_\alpha g, \end{aligned}$$

mit $m^{\mathsf{F}}_\alpha := \rho^{\mathsf{F}} \operatorname{vol}(B^\alpha)$ als Masse des verdrängten Fluids. Die hydrodynamische Kraft F^α_{hyd} und die resultierende Gewichtskraft F^α_{net} des Partikel B^α sei definiert als

$$F^\alpha_{\mathrm{hyd}}(u, p) := \oint_{\partial B^\alpha} \sigma[u, p]\nu \quad \text{und} \quad F^\alpha_{\mathrm{net}} := (m^{\mathsf{P}}_\alpha - m^{\mathsf{F}}_\alpha) g. \tag{3.1.1}$$

Dabei ist $m^{\mathsf{F}}_\alpha g$ als die sogenannte *Auftriebskraft* und $m^{\mathsf{P}}_\alpha g$ die *Gravitationskraft*.

Wegen

$$T^\alpha_{\mathrm{hyd}}(u, p) := \oint_{\partial B^\alpha} (x - x^\alpha) \times \sigma[u, p]\nu = \oint_{\partial B^\alpha} (x - x^\alpha) \times \sigma[u, p_{\mathrm{g}}]\nu, \tag{3.1.2}$$

ist das hydrodynamische Moment T^α_{hyd} unabhängig von der resultierenden Gewichtskraft und wird allein durch eine hydrodynamische Komponente bestimmt. Insgesamt ergeben sich daraus die *Newtonschen Gesetze* zur Beschreibung der Bewegung eines Partikels als,

$$m^{\mathsf{P}}_\alpha \frac{d}{dt} U^\alpha = F^\alpha_{\mathrm{hyd}}(u, p) + F^\alpha_{\mathrm{net}}, \tag{3.1.3}$$

$$J^\alpha \frac{d}{dt} \Omega^\alpha = T^\alpha_{\mathrm{hyd}}(u, p), \tag{3.1.4}$$

für die Partikel–Geschwindigkeit U^α und die Winkelgeschwindigkeit Ω^α, mit $J^\alpha \in \mathbb{R}^{3,3}$ dem Trägheitstensor. Dieser ist für Ellipsen diagonal und für Kugeln proportional zu Id.

Mit der Definition eines allgemeinen Geschwindigkeitsvektors $[U^\alpha, \Omega^\alpha] \in \mathbb{R}^6$, erhält man insgesamt das Differentialgleichungsystem

$$W^\alpha \frac{d}{dt} \begin{bmatrix} U^\alpha \\ \Omega^\alpha \end{bmatrix} = \begin{bmatrix} F^\alpha_{\mathrm{hyd}}(u, p) \\ T^\alpha_{\mathrm{hyd}}(u, p) \end{bmatrix} + \begin{bmatrix} F^\alpha_{\mathrm{net}} \\ 0 \end{bmatrix}. \tag{3.1.5}$$

Dabei bezeichnet $W^\alpha = [m^{\mathsf{S}}_\alpha Id_3, 0; 0, J^\alpha] \in \mathbb{R}^{6,6}$ die Massematrix des Partikels B^α.

Das Gesamtsystem lässt sich nun, wie folgt beschreiben:

Finde eine Lösung $\left[u, p, [U^\alpha, \Omega^\alpha]_{\alpha \in \mathbb{I}}\right]$ der Gleichungen (2.1.3)–(2.1.7) und (3.1.5) für alle $\alpha \in \mathbb{I}$.

3.2 Die Integralgleichung des Stokes–Systems

Grundlage für die Beschreibung der Strömungseinflüsse auf einen Körper sind die in Kapitel 2.1.2 angegebenen Stokes–Gleichungen (2.1.3), (2.1.4). Daraus kann jede Lösung u einer homogenen Stokesströmung um einen Körper, für den die Starrkörperrandbedingung (2.1.5) gilt, durch eine Integralformel wie folgt beschrieben werden, [55, Ch. 2.4],

$$u(x) = u^{\infty}(x) - \frac{1}{8\pi\mu^{\mathsf{F}}} \oint_{\partial D} K(x - \,.\,)\sigma[u,p]\nu, \tag{3.2.1}$$

mit dem Integralkern

$$K(z) := \frac{1}{|z|}\Big(Id + \frac{1}{|z|^2} z \otimes z\Big).$$

Dabei sei u^{∞} eine Lösung der homogenen Stokes–Gleichung in $\mathbb{R}^3$ und $(u - u^{\infty})(x) \to 0$ für $|x| \to \infty$. Das betrachtete Gebiet D ist definiert durch (2.1.1) und aus der Integraldarstellung (3.2.1) folgt mit $\partial D = \sum_{\beta \in \mathbb{I}} \partial B^{\beta}$,

$$u(x) = u^{\infty}(x) - \frac{1}{8\pi\mu^{\mathsf{F}}} \sum_{\beta \in \mathbb{I}} \underbrace{\oint_{\partial B^{\beta}} K(x - \,.\,)\sigma[u,p]\nu}_{=:u^{\beta}(x)} = u^{\infty}(x) + \sum_{\beta \in \mathbb{I}} u^{\beta}(x).$$

In den jeweiligen Integralen ist ν die äußere Normale des jeweiligen Körpers B^{β}.

3.3 Resistance und Mobility Matrix

3.3.1 Ein Partikel und das Lorentz Reciprocal Theorem

Für die nun folgenden Ausführungen betrachten wir zunächst nur einen Partikel $B = B(t)$ und $t > 0$. Durch partielle Integration erhält man für hinreichend glatte und schnell abklingende u und v folgende Gleichung,

$$\oint_{\partial D} u \cdot \sigma[v,q]\nu - \int_D u \cdot \operatorname{div}(\sigma[v,q]) = \oint_{\partial D} v \cdot \sigma[u,p]\nu - \int_D v \cdot \operatorname{div}(\sigma[u,p]) \tag{3.3.1}$$

[55, Ch. 2.3]. Seien (u,p) und (v,q) Lösungen der kräftefreien Stokes–Gleichungen dann folgt aus (3.3.1) das sogenannte *Lorentz Reciprocal Theorem* zu,

$$\oint_{\partial B} u \cdot \sigma[v,q]\nu = \oint_{\partial B} v \cdot \sigma[u,p]\nu. \tag{3.3.2}$$

Beweis (vgl. [55, Ch. 2.3]). Die Gleichung (3.3.2) folgt direkt aus der Beziehung,

$$\nabla \cdot (u \cdot \sigma[v,q]) = \nabla \cdot (v \cdot \sigma[u,p]) \tag{3.3.3}$$

durch partielle Integration, so dass es genügt die Gleichheit von (3.3.3) zu zeigen. Dazu gilt aber mit der Einsteinschen Summenkonvention,

$$\begin{aligned}
\sigma[v,q]_{ij}(\nabla u + (\nabla u)^t)_{ij} &= \big(-q\delta_{ij} + \mu(\nabla v + (\nabla v)^t)\big)_{ij}(\nabla u + (\nabla u)^t)_{ij} \\
&= -q(\nabla u + (\nabla u)^t)_{ii} + \mu(\nabla v + (\nabla v)^t)_{ij}(\nabla u + (\nabla u)^t)_{ij} \\
&= -q\underbrace{\nabla \cdot u}_{=0} + \mu(\nabla v + (\nabla v)^t)_{ij}(\nabla u + (\nabla u)^t)_{ij} \\
&= \mu(\nabla v + (\nabla v)^t)_{ij}(\nabla u + (\nabla u)^t)_{ij} \\
&= -p\nabla \cdot v + \mu(\nabla v + (\nabla v)^t)_{ij}(\nabla u + (\nabla u)^t)_{ij} \\
&= \big(-p\delta_{ij} + \mu(\nabla u + (\nabla u)^t)\big)_{ij}(\nabla v + (\nabla v)^t)_{ij} \\
&= \sigma[u,p]_{ij}(\nabla v + (\nabla v)^t)_{ij}.
\end{aligned} \tag{3.3.4}$$

Weiter folgt,

$$\begin{aligned}
\frac{1}{2}\sigma[v,q]_{ij}(\nabla u + (\nabla u)^t)_{ij} &= \frac{1}{2}\sigma[v,q]_{ij}\frac{\partial u_i}{\partial x_j} + \frac{1}{2}\sigma[v,q]_{ij}\frac{\partial u_j}{\partial x_i} \\
&\overset{\text{sym}}{\widehat{=}} \sigma[v,q]_{ij}\frac{\partial u_i}{\partial x_j} = \frac{\partial}{\partial x_j}(\sigma[v,q]_{ij}u_i) - \Big(\frac{\partial}{\partial x_j}\sigma[v,q]_{ij}\Big)u_i \\
&= \frac{\partial}{\partial x_j}(\sigma[v,q]_{ij}u_i)
\end{aligned} \tag{3.3.5}$$

sowie umgekehrt

$$\frac{1}{2}\sigma[u,p]_{ij}(\nabla v + (\nabla v)^t)_{ij} = \frac{\partial}{\partial x_j}(\sigma[u,p]_{ij}v_i). \tag{3.3.6}$$

Einsetzen von (3.3.5) und (3.3.6) in (3.3.4) liefert schließlich (3.3.3) und damit (3.3.2). □

Erfülle nun u die Randbedingungen (2.1.5) für einen einzelnen Partikel B. Damit vereinfacht sich (3.3.2) mit (3.1.1) und (3.1.2) sowie $B^\alpha =: B$, $U^\alpha =: U^B$, etc. zu

$$\begin{aligned}
\oint_{\partial B} u \cdot \sigma[v,q]\nu &= U^B \cdot \oint_{\partial B} \sigma[v,q]\nu + \Omega^B \cdot \oint_{\partial B} (x - x^B) \times \sigma[v,q]\nu \\
&= U^B \cdot F^B_{\text{hyd}}(v,q) + \Omega^B \cdot T^B_{\text{hyd}}(v,q).
\end{aligned}$$

Anwendung auf beide Seiten von (3.3.2) führt zu

$$U^B \cdot F^B_{\text{hyd}}(v,q) + \Omega^B \cdot T^B_{\text{hyd}}(v,q) = V \cdot F^B_{\text{hyd}}(u,p) + \Pi \cdot T^B_{\text{hyd}}(u,p),$$

falls auch v die Randbedingungen wie in (2.1.5) erfüllt. Dabei ist V die Geschwindigkeit und Π die Winkelgeschwindigkeit. Nun bezeichnen wir (w^k, q^k), für $k = 1, \ldots, 6$, als Lösungen des lokal kräftefreien Stokes–Problems in D mit den Randbedingungen (e^k sind die Euklidischen Einheitsvektoren)

$$\begin{aligned} w^k &= \mathrm{e}^k && \text{auf } \partial B \text{ für } k = 1,2,3, \\ w^k &= \mathrm{e}^{k-3} \times x && \text{auf } \partial B \text{ für } k = 4,5,6. \end{aligned}$$

Sei nun weiterhin $(v,q) = (w^k, q^k)$ für $k = 1, \ldots, 6$, dann erhält man $V = \mathrm{e}^k$, $\Pi = 0$ für $k = 1,2,3$ und $V = 0$, $\Pi = \mathrm{e}^k$ für $k = 4,5,6$. Insgesamt ergeben sich die Gleichungen,

$$U^B \cdot F^B_{\text{hyd}}(w^k,q^k) + \Omega^B \cdot T^B_{\text{hyd}}(w^k,q^k) = \begin{cases} F^B_{\text{hyd}}(u,p) \cdot \mathrm{e}^k & \text{für } k = 1,2,3, \\ T^B_{\text{hyd}}(u,p) \cdot \mathrm{e}^{k-3} & \text{für } k = 4,5,6. \end{cases}$$

Dies führt zu einem linearen Gleichungssystem zwischen den Kräften und Momenten auf den Partikel B und der Geschwindigkeit und Winkelgeschwindigkeit,

$$\mathcal{R}^B \begin{bmatrix} U^B \\ \Omega^B \end{bmatrix} = \begin{bmatrix} F^B_{\text{hyd}}(u,p) \\ T^B_{\text{hyd}}(u,p) \end{bmatrix}. \tag{3.3.7}$$

Für den einen Partikel ist dabei die *Resistance Matrix* $\mathcal{R}^B$ eine 6×6–Matrix mit den Zeilen $[F^B_{\text{hyd}}(w^k,q^k), T^B_{\text{hyd}}(w^k,q^k)]_{k=1,\ldots,6}$. Man sieht, dass $\mathcal{R}^B$ nur von der Form und bei mehreren Partikeln auch von der relativen Lage von B abhängt. In [34, Ch. 5.4] wurde bewiesen dass $\mathcal{R}^B$ symmetrisch und positiv definit ist, also invertierbar. Die inverse Relation zu (3.3.7) ist dabei gegeben durch

$$\mathcal{M}^B \begin{bmatrix} F^B_{\text{hyd}}(u,p) \\ T^B_{\text{hyd}}(u,p) \end{bmatrix} = \begin{bmatrix} U^B \\ \Omega^B \end{bmatrix} \tag{3.3.8}$$

mit der *Mobility Matrix* $\mathcal{M}^B = (\mathcal{R}^B)^{-1}$, die wiederum symmetrisch und positiv definit ist.

3.3.2 Mehrere Partikel

Betrachten wir nun den Mehr–Partikel Fall. Sei dafür $w^{k,\alpha}$ und w^k wie vorher definiert, allerdings mit $w^{k,\alpha} = 0$ auf ∂B^β für alle $\beta \in \mathbb{I} \setminus \alpha$ für $k = 1, \ldots, 6$. Dies führt auf das Gleichungssystem,

$$\sum_{\beta \in \mathbb{I}} \Big(U^\beta \cdot F^\beta_{\mathrm{hyd}}(w^{k,\alpha}, q^{k,\alpha}) + \Omega^\beta \cdot T^\beta_{\mathrm{hyd}}(w^{k,\alpha}, q^{k,\alpha}) \Big) = \begin{cases} F^\alpha_{\mathrm{hyd}}(u,p) \cdot \mathsf{e}^k, & k = 1,2,3 \\ T^\alpha_{\mathrm{hyd}}(u,p) \cdot \mathsf{e}^{k-3}, & k = 4,5,6 \end{cases}$$

welches sich in kompakter Form wiederum schreiben lässt als,

$$\mathcal{R} \begin{bmatrix} U^\alpha \\ \Omega^\alpha \end{bmatrix}_{\alpha \in \mathbb{I}} = \begin{bmatrix} F^\alpha_{\mathrm{hyd}}(u,p) \\ T^\alpha_{\mathrm{hyd}}(u,p) \end{bmatrix}_{\alpha \in \mathbb{I}}. \tag{3.3.9}$$

$\mathcal{R}$ ist eine dicht besetzte Matrix, doch es kann gezeigt werden, dass auch diese für den Mehr–Partikel Fall symmetrisch und positiv definit ist und ihre Inverse $\mathcal{M}$ existiert. $\mathcal{R}$ und $\mathcal{M}$ werden dabei als *Grand–Resistance Matrix* und *Grand–Mobility Matrix* bezeichnet.

3.4 Exakte Lösungen

Nach Herleitung der Mobility und Resistance Matrix werden zunächst exakte, analytische Lösungen des Stokes–Systems diskutiert, um zu sehen, wie diese Matrizen in einfachen Fällen definiert sind.

3.4.1 Stokes Lösung für einen Partikel

Der einfachste anzunehmende Fall ist die Sedimentation einer einzelnen Kugel im Erdschwerefeld mit Radius a, $B = B_a(x^B(t))$. Die stationäre Lösung des Geschwindigkeit– und Druckfeldes für diesen Fall ist von Stokes [86] zuerst angegeben worden und lautet,

$$\begin{aligned} u(x,t) &= \frac{3}{4}\frac{a}{|y|}\Big(Id + \frac{y \otimes y}{|y|^2}\Big)U^B + \frac{1}{4}\frac{a^3}{|y|^3}\Big(Id - 3\frac{y \otimes y}{|y|^2}\Big)U^B + \frac{a^3}{|y|^3}\Omega^B \times y, \\ p(x,t) &= \frac{3}{2}\frac{a^2}{|y|^2}\frac{y}{|y|} \cdot U^B, \end{aligned}$$

mit $y := x - x^B(t)$ und

$$U^B := \frac{2}{9}\frac{a^2}{\mu^{\mathsf{F}}}(\rho^{\mathsf{S}} - \rho^{\mathsf{F}})g, \quad \Omega^B = 0. \tag{3.4.1}$$

Mit Hilfe von (3.1.1) und (3.1.3) ergeben sich aus (3.4.1) folgende bekannte Relationen zwischen Kraft und Geschwindigkeit auf einen Partikel,

$$U^B = \frac{1}{6\pi\mu^{\mathsf{F}} a} F^B_{\text{net}} - \frac{1}{6\pi\mu^{\mathsf{F}} a} F^B_{\text{hyd}}(u,p), \tag{3.4.2}$$

$$\Omega^B = -\frac{1}{8\pi\mu^{\mathsf{F}} a^3} T^B_{\text{hyd}}(u,p). \tag{3.4.3}$$

Damit ergibt sich für diesen Fall die Mobility–Matrix als $\mathcal{M}^B = 1/(\pi\mu^{\mathsf{F}})\,\mathrm{diag}(1/6a, 1/8a^3)$ und natürlich die Resistence–Matrix zu $\mathcal{R}^B = \pi\mu^{\mathsf{F}}\,\mathrm{diag}(6a, 8a^3)$.

3.4.2 Lambs Lösung und zwei Partikel

Für zwei Partikel lässt sich das Gleichungssystem (3.3.9) auch genauer schreiben als,

$$\begin{bmatrix} F^1_{\text{hyd}} \\ F^2_{\text{hyd}} \\ T^1_{\text{hyd}} \\ T^2_{\text{hyd}} \end{bmatrix} \begin{bmatrix} A_{11} & A_{12} & \tilde{B}_{11} & \tilde{B}_{12} \\ A_{21} & A_{22} & \tilde{B}_{11} & \tilde{B}_{12} \\ B_{11} & B_{12} & C_{11} & C_{12} \\ B_{21} & B_{22} & C_{21} & C_{22} \end{bmatrix} \begin{bmatrix} U^1 \\ U^2 \\ \Omega^1 \\ \Omega^2 \end{bmatrix}. \tag{3.4.4}$$

Dabei kann jeder Eintrag der Resistance–Matrix geschrieben werden in der Form,

$$A^{(\alpha,\beta)}_{ij} := X^A_{\alpha\beta}\mathsf{e}_i\mathsf{e}_j + Y^A_{\alpha\beta}\mathsf{e}_i\mathsf{e}_j(\delta_{ij} - \mathsf{e}_i\mathsf{e}_j), \tag{3.4.5}$$

mit dem Kronecker–Symbol δ_{ij}. Für den weiteren Aufbau dieser Koeffizienten $X^A_{\alpha\beta}$ und $Y^A_{\alpha\beta}$ sowie die der anderen Matrixeinträge sei auf die Arbeiten [23], [47] und [55, Ch. 11.2] verwiesen.

Lamb [60] leitete eine Formel der allgemeinen Lösung der Stokes–Gleichungen (2.1.3), (2.1.4) mit Hilfe unendlicher Summen von Kugelflächenfunktionen [55, Ch. 4.2] her. Jeffrey und Onishi [47] nutzten diese allgemeine Lösung von Lamb, um eine exakte Lösung der hydrodynamischen Interaktionen zweier Kugeln unterschiedlicher Größe zu entwickeln. Mit deren Hilfe konnte man schließlich exakte unendliche Reihen für die Koeffizienten der Resistance Matrix für zwei Partikel entwickeln, indem man diese Lösungen in (3.1.1) und (3.1.2) eingesetzt hat. Nach Umgruppieren der unendlichen Reihen wurde das Konvergenzverhalten dieser verbessert und konnte für numerische Berechnungen unter Verwendung von nur endlichen Summen mit hinreichender Genauigkeit genutzt werden.

Als ein Beispiel betrachten wir die Gleichung für den Koeffizienten X_{12}^C aus [47]. Dieser beschreibt einen Teil des Einflusses der Winkelgeschwindigkeit eines zweiten Partikels auf die Kraft des ersten Partikels. Jeffrey and Onishi [47] haben dazu folgende Formel veröffentlicht,

$$X_{12}^C(s,\lambda) = \frac{4\lambda^2}{(1+\lambda)^4} \ln\frac{(s+2)}{(s-2)} + \frac{8\lambda^2}{(1+\lambda)^4} s^{-1}\ln(1-4s^{-2}) \\ - \frac{8}{(1+\lambda)^3}\sum_{k=1}^{\infty}\left((1+\lambda)^{-2k-1} f_{2k+1}(\lambda) - 2^{2k+2}k^{-1}(2k+1)^{-1}\frac{\lambda^2}{(1+\lambda)}\right)s^{-2k-1}.$$

Diese Formel ist fehlerbehaftet und die korrigierte Gleichung lautet,

$$X_{12}^C(s,\lambda) = \frac{4\lambda^2}{(1+\lambda)^4} \ln\frac{(s+2)}{(s-2)} + \frac{8\lambda^2}{(1+\lambda)^4} s^{-1}\ln(1-4s^{-2}) - \frac{16\lambda^2}{(1+\lambda)^4}s^{-1} \\ - \frac{8}{(1+\lambda)^3}\sum_{k=1}^{\infty}\left((1+\lambda)^{-2k-1} f_{2k+1}(\lambda) - 2^{2k}k^{-1}(2k+1)^{-1}\frac{\lambda^2}{(1+\lambda)}\right)s^{-2k-1}. \tag{3.4.6}$$

Hier ist λ das Verhältnis zweier Partikelradien und s der Abstand zwischen den Mittelpunkten der Partikel. $f_{2k+1}(\lambda)$ sind eine skalarwertige Funktionen, die jeweils mit Potenzreihen berechnet werden können.

Dieses Beispiel zeigt schon eine Vereinfachung, die bei Partikeln gleicher Größe gemacht werden kann. Dabei ist $\lambda = 1$ und somit lässt sich die Formel (3.4.6) sehr stark vereinfachen.

Um den Einfluss der Partikelgröße auf die Bewegungsbahnen dieser besser beurteilen zu können, wurden Simulationen von zwei sich aneinander vorbeibewegenden Partikeln durch-

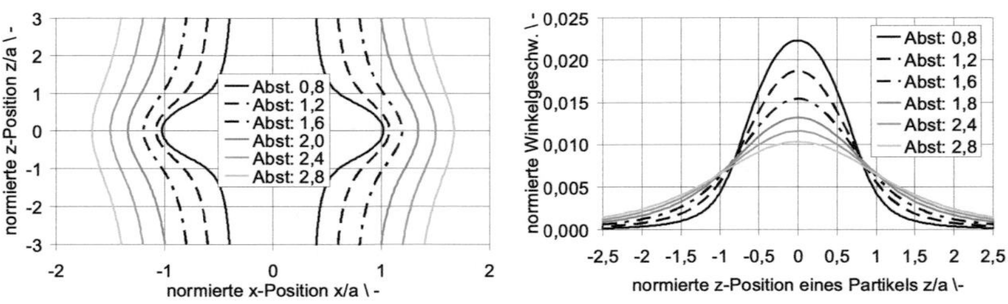

Abbildung 3.1: Ergebnisse zweier sich entgegenströmender und gleich großer Partikel unter Variation des Anfangsabstandes A der x–Richtung. Links: x–z–Projektion der Trajektorien, Rechts: Rotationsmoment in Abhängigkeit der z–Position.

geführt. Vergleichbare Ergebnisse sind in [79] zu finden. Dort wird die Bewegung zweier Partikel unterschiedlicher Größe, die sich in einer Scherströmung aneinander vorbei bewegen, mit Hilfe einer Boundary Element Methode berechnet. Wir erhalten mit unserer Methode keine vollständige quantitative Übereinstimmung, da wir die FT–Methode der Stokesian Dynamics, siehe Kapitel 3.5.2, implementiert haben, die nur bedingt für eine Approximation einer Scherströmung geeignet ist.

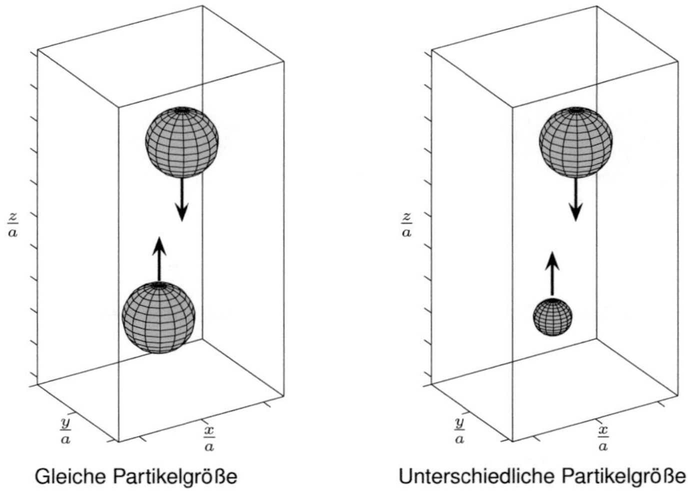

Abbildung 3.2: Skizze der Simulationsanordnung. Links: gleich große Partikel, Rechts: Partikel unterschiedlicher Radien.

Abbildung 3.1 zeigt Trajektorien zweier, sich aufeinander zubewegender und gleich großer Partikel, unter Variation des x–Abstandes in der Anfangskonfiguration, Anordnung siehe Skizze 3.2 links.

Man erkennt eine vollkommen symmetrische Bewegung der beiden Partikel. Die Partikel verlassen ihre Bahn, um einander auszuweichen. Allerdings kehren Sie anschließend auch wieder auf ihre Ausgangsbahn zurück. Natürlich werden sie umso mehr abgelenkt, je geringer die x–Abstände ihrer Positionen zu Beginn der Bewegungen waren.

Die Betrachtung der Winkelgeschwindigkeit zeigt, dass die Rotation ein Maximum an der Stelle durchläuft, an der sich die Partikel am nächsten sind. Allerdings kann man auch erkennen, dass Partikel, die in der Anfangskonfiguration weiter entfernt sind, zwar kein so stark ausgeprägtes Maximum in der Winkelgeschwindigkeit, aber dafür länger eine größere Winkelgeschwindigkeit zeigen, als die Partikel, die nahe zusammen waren. Dies unterstreicht nochmals, dass wie bereits mehrfach erwähnt die hydrodynamischen Wechselwirkungen eine sehr große Reichweite haben.

Im Gegensatz zu den gleich großen Partikeln erkennt man bei Simulationen von Partikeln mit einem Radienverhältnis von 0,5, Anordnung siehe Skizze 3.2 rechts, dass das große

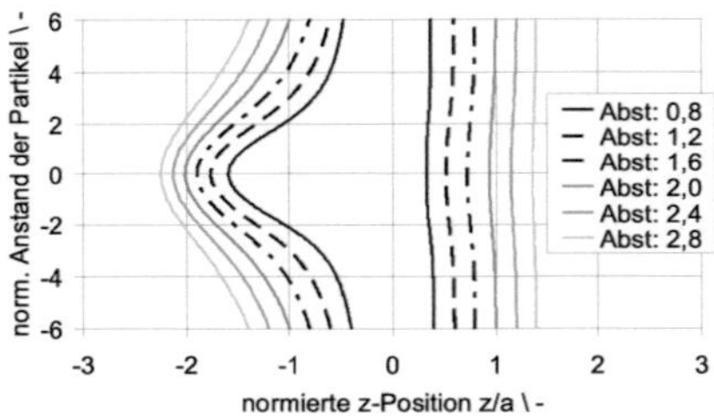

(a) Variation: Abstand

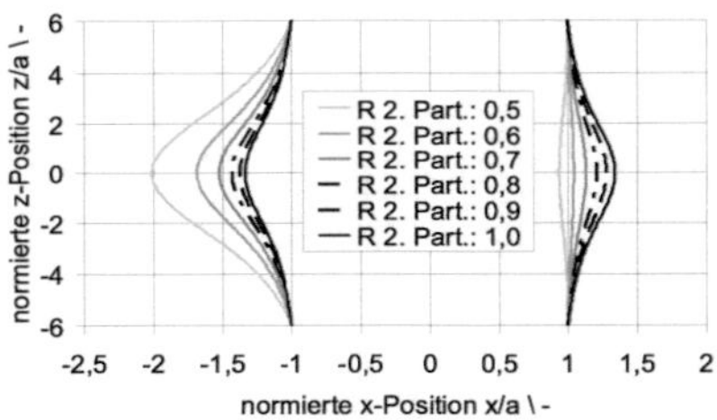

(b) Variation: Radienverhältnis

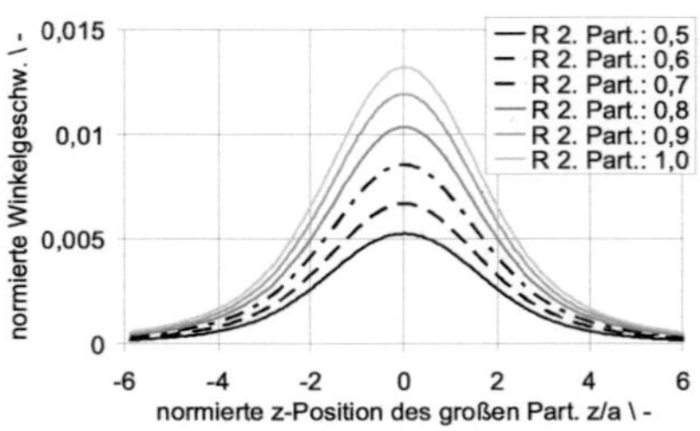

(c) Winkelgeschw. gr. Part.

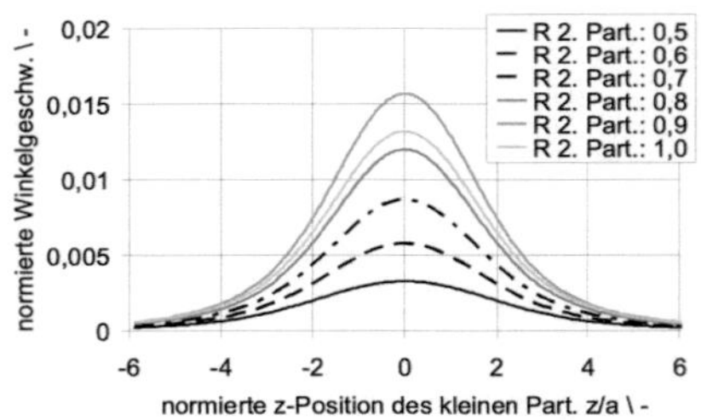

(d) Winkelgeschw. kl. Part.

Abbildung 3.3: Simulationen zweier sich entgegenströmender Partikel unterschiedlicher Größe. (a) Variation des Anfangsabstands bei konstantem Radienverhältnis von 0,5. (b) Variation des Radienverhältnisses bei konstantem Anfangsabstand. (c) Winkelgeschwindigkeit des großen Partikels unter Variation des Radienverhältnisses bei konstantem Anfangsabstand. (d) Winkelgeschwindigkeit des kleinen Partikels unter Variation des Radienverhältnisses bei konstantem Anfangsabstand.

Partikel unabhängig vom Anfangsabstand kaum seine Bahn verändert, Abbildung 3.3a. Das kleine Partikel wird dagegen zur Seite gedrückt, so dass sich das Große ungehindert weiterbewegen kann. Dieses wird sogar, je nach Anfangsabstand, leicht durch das kleine Partikel angezogen. Je kleiner der Unterschied in den Partikelradien ist, desto mehr wird das große Partikel abgelenkt und desto weniger das Kleine, siehe Abbildung 3.3b. Bei den Winkelgeschwindigkeiten erkennt man, dass die des großen Partikels mit zunehmend gleicher Partikelgröße zunimmt, siehe Abbildung 3.3c. Bei dem kleineren der beiden Partikel verhält die Winkelgeschwindigkeit sich ein wenig anders. Sie nimmt zunächst zu, wird dann größer als die bei gleich großen Partikeln, um dann wieder etwas abzunehmen, je ähnlicher die Partikel werden.

3.5 Stokesian Dynamics

In den bisherigen Abschnitten wurden die Bewegungsgleichungen von Partikeln und die Mobility Formulierung eingeführt. Des Weiteren wurde die Möglichkeit gezeigt, den hydrodynamischen Einfluss zweier sedimentierender Partikel zu berechnen. Zur Simulation von mehreren Partikeln benötigt man allerdings einen weitergehenden und numerisch leicht auszuwertenden Zusammenhang zwischen den Partikelbewegungen und den hydrodynamischen Einflüssen eines jeden Partikels auf die jeweiligen anderen. Denn die Mobility Matrix kann für mehrere Paritkel nicht direkt angegeben werden, wie dies für ein oder zwei Partikel möglich war, siehe Kapitel 3.4.1.

3.5.1 Die Faxén–Gesetze

Ein solcher Zusammenhang kann mit Hilfe der sogenannten *Faxén–Gesetze* [27] hergestellt werden. Diese können von der Lambschen Lösung [55, Ch. 4.2] oder auch von dem Lorentz Reciprocal Theorem, Kapitel 3.3.1, hergeleitet werden.

Da aber diese Faxén–Gesetze ein wichtiger Bestandteil der Stokasian Dynamics sind und um die Voraussetzungen an die Partikel umgebenden Strömung besser zu verstehen, wird die Herleitung im Folgenden kurz gezeigt (Zusammenarbeit mit Professor Dörfler, vgl. auch [78]).

Sei B jetzt eine Kugel mit Radius a, die sich in einem um diese Kugel lokal kräftefreien Strömungsfeld v, p befindet, welches die Stokesgleichungen (2.1.3), (2.1.4) erfüllt. Dann gilt

$$\Big(1+\frac{1}{6}a^2\Delta\Big)v|_{x=x^B}=\frac{1}{4\pi a^2}\int_{\partial B}v. \tag{3.5.1}$$

Das heißt, das Integral des Geschwindigkeitsfelds über die Oberfläche der Kugel B kann als Summe zwischen der Geschwindigkeit im Mittelpunkt des Partikels und mittleren Krümmung des Geschwindigkeitsfeldes im Partikelmittelpunkt geschrieben werden.

Beweis: Sei v ein beliebiges in einer Umgebung von einer Kugel B kräftefreies, stokessches Strömungsfeld. Dann ist v gegeben durch,

$$v(x)=\frac{1}{8\pi\mu}\int_{\partial B}K(x-y)(\sigma(v,p)n)dy+\frac{1}{8\pi}\int_{\partial B}\Sigma(x-y)[v(y),..,n(y)]dy,$$

für alle $x\in B:=B_a(0)$. Dabei ist $n=n_B$ die äußere Normale an B. Weiter sind

$$K(z):=\frac{1}{|z|}\Big(Id+\frac{z\otimes z}{|z|^2}\Big)\text{ und}$$
$$\Sigma(z):=-6\frac{z\otimes z\otimes z}{|z|^5}$$

die sogenannten Greenschen Funktionen. Anwendung von $\Big(1+\frac{1}{6}a^2\Delta\Big)|_{x=x_\alpha}$ auf $v(x)$ ergibt,

$$\begin{aligned}\Big(1+\frac{1}{6}a^2\Delta\Big)v|_{x=x_\alpha}&=\frac{1}{8\pi\mu}\int_{\partial B}\Big(1+\frac{1}{6}a^2\Delta\Big)K(x-y)|_{x=x_\alpha}(\sigma(v,p)n)dy\\&\quad+\frac{1}{8\pi}\int_{\partial B}\Big(\Big(1+\frac{1}{6}a^2\Delta\Big)\Big)\Sigma(y)[v(y),..,n(y)]dy\\&=\frac{1}{8\pi\mu}\int_{\partial B}\Big(\Big(1+\frac{1}{6}a^2\Delta_y\Big)K(y)\Big)(\sigma(v,p)n)dy\\&\quad+\frac{1}{8\pi}\int_{\partial B}\Big(\Big(1+\frac{1}{6}a^2\Delta_y\Big)\Sigma(x-y)\Big)[v(y),..,n(y)]dy\\&=\frac{1}{8\pi\mu}\int_{\partial B}\frac{4}{3a}(\sigma(v,p)n)dy\\&\quad+\frac{1}{8\pi}\int_{\partial B}\Big(\Big(1+\frac{1}{6}a^2\Delta_y\Big)\Big)\Sigma(y)[v(y),..,n(y)]dy\\&=\frac{1}{6\pi\mu a}F^B+\frac{1}{4\pi a^2}\int_{\partial B}v(y)dy.\end{aligned}$$

Für ein kräftefreies Stokes'sches Strömungsfeld gilt aber weiter $F^B\sim\int_{\partial B}\sigma(v,p)n_B\sim\int_B\nabla\cdot\sigma(v,p)=0$ und damit ist (3.5.1) gezeigt. □

3.5.2 FT–Methode

Nach Herleitung der Faxen–Gesetze werden diese nun angewendet um im Folgenden die FT–Methode der Stokesian Dynamics vorzustellen, [23]. Diese berücksichtigt lediglich die Kraft F und das Rotationsmoment T, welches auf die jeweiligen Partikel wirken. Sie ist daher nur unzureichend für Partikel in einer Scherströmung geeignet, da dafür der symmetrische Anteil, der vom Fluid auf das Partikel übertragenen Spannungen – das sogenannte *Stresslet* – in der Approximation mit betrachtet werden müsste.

Zunächst seien also Sedimentationsprozesse von einer beliebigen Anzahl von Partikeln β, $\beta \in \mathbb{I}$ betrachtet. Sei somit für einen Partikel mit Index α,

$$v_D^\alpha := \sum_{\beta:\beta\neq\alpha} v^\beta \quad \text{für alle} \quad \beta \in \mathbb{I}\backslash\{\alpha\} \tag{3.5.2}$$

definiert. Diese Summe ist die Superposition der Störgeschwindigkeiten aller anderen Partikel, also die gesamte Störgeschwindigkeit, die von allen Partikeln auf den Ort des Partikels B_α ausgeübt wird.

Sei weiter v^α das Strömungsfeld zu der gegeben Partikelverteilung, wobei aber $v^\alpha = U^\alpha + \Omega^\alpha \times x$ auf ∂B_α gelte. Dann gilt für jeden Ort x in der Nähe von ∂B_α, wegen der Linearität der Stokes Gleichungen,

$$v^\alpha(x) = \int_{\partial B_\alpha} K(x - .)\sigma(v^\alpha, p)n + v_D^\alpha(x). \tag{3.5.3}$$

Durch Bildung des Mittelwerts über ∂B_α erhält man aus (3.5.3),

$$\begin{aligned} U^\alpha &= \frac{1}{4\pi a^2}\frac{2a}{3\mu}\int_{\partial B_\alpha} \sigma(v^\alpha, p)n + \frac{1}{4\pi a^2}\int_{\partial B_\alpha} v_D^\alpha \\ &= -\frac{1}{6\pi\mu a}F^\alpha(v^\alpha, p) + \frac{1}{4\pi a^2}\int_{\partial B_\alpha} v_D^\alpha \\ &= -\frac{1}{6\pi\mu a}F^\alpha(v^\alpha, p) + \Big(1 + \frac{1}{6}a^2\Delta\Big)v_D^\alpha(x)|_{x=x_\alpha}. \end{aligned}$$

Daraus folgt dann das Faxén–Gesetz für die Sedimentation vieler Partikel, zunächst für die Kraft,

$$F^\alpha(v^\alpha, p) = -6\pi\mu^{\mathsf{F}} a U^\alpha + 6\pi\mu^{\mathsf{F}} a\Big(1 + \frac{1}{6}a^2\Delta\Big)v_D^\alpha(x)|_{x=x_\alpha}. \tag{3.5.4}$$

und dann für das Moment,

$$T^\alpha(v^\alpha, p) = 8\pi\mu^{\mathsf{F}} a^3(\nabla \times v_D^\alpha(x)|_{x=x_\alpha} - \Omega^B). \tag{3.5.5}$$

Es fällt auf, dass sich die Kraft aufteilen lässt in einen Anteil vom Partikel selbst und einen Anteil aller anderen Partikel in der Suspension.

Was nun aber bleibt ist noch die Berechnung von v_D^α. Dazu nutzen die Stokesian Dynamics die Integraldarstellung der Stokes–Gleichungen (3.2.1) aus. Diese lässt sich für einen Partikel B^β mit Hilfe einer *Multipolentwicklung*, die man durch Anwendung einer Taylorentwicklung auf den Integralkern im Bereich $|x - x^\beta| > \mathrm{diam}(B^\beta)$ erhält, weiter vereinfachen. Schließlich ergibt sich,

$$\begin{aligned} v^\beta &= -\frac{1}{8\pi\mu^{\mathsf{F}}} \sum_{m=0}^{\infty} \frac{1}{m!} \oint_{\partial B^\beta} \nabla^m K(x - x^\beta) \underbrace{(\xi - x^\beta) \otimes \ldots \otimes (\xi - x^\beta)}_{m} \sigma[v^\beta, p]\nu(\xi)\, d\xi, \\ &= -\frac{1}{8\pi\mu^{\mathsf{F}}} \sum_{m=0}^{\infty} \nabla^m K(x - x^\beta) \cdot \mathcal{F}_\beta^{(m)}(v^\beta, p). \end{aligned}$$

Dabei ist $\mathcal{F}_\beta^{(m)}(v^\beta, p)$, des m-te Moment der Kraftdichte $\sigma[v^\beta, p]\nu$ auf B^β und wird wie folgt definiert,

$$\mathcal{F}_\beta^{(m)}(v^\beta, p) := \frac{1}{m!} \oint_{\partial B^\beta} \underbrace{(\xi - x^\beta) \otimes \ldots \otimes (\xi - x^\beta)}_{m} \sigma[v^\beta, p]\nu(\xi)\, d\xi.$$

Durch Symmetrien und Umordnung der entsprechenden Integrale erhält man die *irreduzible Multipolentwicklung* [23],

$$v^\beta(x) = -\frac{1}{8\pi\mu^{\mathsf{F}}} \sum_{m=0}^{\infty} \mathcal{L}_\beta^{(m)} K(x - x^\beta)\, \widetilde{\mathcal{F}}_\beta^{(m)}(v^\beta, p). \tag{3.5.6}$$

Dabei sind $\mathcal{L}_\beta^{(m)}$ Differentialoperatoren der Ordnung m und $\widetilde{\mathcal{F}}_\beta^{(m)}(v^\beta, p)$ der m–te *irreduzible Kraft–Momenten–Tensor* von $\sigma[v^\beta, p]$.

Für die FT–Methode der Stokesian Dynamics betrachtet man nur das erste und zweite Moment. Das erste Moment ist die Kraft und das zweite Moment, das Rotationsmoment, welches auf den jeweiligen Partikel wirkt. Insgesamt erhält man also aus (3.5.2),

$$v_D^\alpha(x) = \sum_{\beta \in \mathbb{I}, \beta \neq \alpha} -\frac{1}{8\pi\mu^{\mathsf{F}}} \left(\left(1 + \frac{a_\beta^2}{6}\Delta\right) K(x - x^\beta) F_{\mathrm{hyd}}^\beta + K^{(1)}(x - x^\beta) T_{\mathrm{hyd}}^\beta \right). \tag{3.5.7}$$

Dabei erhält man $K^{(1)}$ aus entsprechenden Ableitungen von K. Nach Einsetzen von (3.5.7) in (3.5.4) und (3.5.5) ergibt sich insgesamt folgendes Gleichungssystem,

$$\begin{bmatrix} U^\alpha \\ \Omega^\alpha \end{bmatrix}_{\alpha \in \mathbb{I}} = \mathcal{M}^{\mathrm{FT}}(\mathcal{X}) \begin{bmatrix} F_{\mathrm{hyd}}^\alpha \\ T_{\mathrm{hyd}}^\alpha \end{bmatrix}_{\alpha \in \mathbb{I}}. \tag{3.5.8}$$

Das hochgestellte 'FT' bezieht sich darauf, dass hier von der FT–Version der Stokesian Dynamics gesprochen wird. Ein Hauptbestandteil der numerischen Simulation ist nun die Lösung des Gleichungssystems (3.3.8) mit $\mathcal{M} \approx \mathcal{M}^{\mathrm{FT}}$. Mit der Approximation betrachtet man aber gleichzeitig nur das sogenannte Fernfeld des hydrodynamischen Einflusses. Ichiki [45] hat gezeigt, dass durch Hinzunahme weiterer Momente auch das Nahfeld immer besser beschrieben werden kann, siehe Abbildung 3.4. Dadurch steigt der Rechenaufwand allerdings erheblich.

3.5.3 Erweiterungen

Lubrikation

Wie oben erwähnt, bewirkt das Abschneiden der Multipolentwicklung, dass nur das Fernfeld der hydrodynamischen Einflüsse berücksichtigt wird. Daher ist es notwendig die Nahkräfte in geeigneter Weise zu approximieren. Brady and Bossis [11] führten dazu eine Modellierung der *Lubrikations–Kraft* ein, die es erlaubt, die Nahkräfte zwischen den Partikeln besser zu betrachten. Diese Approximation der Lubrikation wurde schließlich von Cichocki [17] verfeinert. Er betrachtet nur die Relativbewegungen der jeweiligen Partikel, indem er die Kollektivbewegungen herausrechnete. Der Grund dafür ist, dass in einer Suspension die Betrachtungsweise von Brady und Bossis eine ungenauere Approximation des Abklingverhaltens des hydrodynamischen Einflusses im Außenraum liefert. Dies gilt besonders für den Fall, dass zwei Partikel nahe beisammen sind und ein Partikel weiter entfernt, das heißt allgemein, wenn sich die Abstände zwischen Partikeln sehr stark unterscheiden.
Lefebvre [61] betrachtet die Lubrikations–Kraft bei Berücksichtigung der Oberflächenrauhigkeiten von Partikeln in einer Stokes Strömung. Sie gibt einen Beweis an, dass in diesem Modell die Lubrikations–Kraft jeden Kontakt der Partikel untereinander verhindert, weil die Kraft mit abnehmendem Abstand singulär wird. In realen Systemen ist dies aber nur dann gegeben, wenn es sich um perfekt glatte Partikel handelt. So formuliert sie zusätzlich eine Herangehensweise um Rauhigkeiten an der Partikeloberfläche einzubinden. Diese führt dann auf ein Modell, bei dem auch Partikelkontakt durch geeignete Modelle berücksichtigt werden müsste, [20], [38], [70].
Die grundsätzliche Idee für eine Nahfeldkorrektur ist, die exakten Zwei–Partikellösungen von Lamb, siehe Kapitel 3.4.2, zu nutzen, um diese paarweise zu der allgemeinen Resistance–

Matrix hinzuzuaddieren sowie die Zwei–Partikel Fernfeldapproximationen $\mathcal{R}^{\#,(\alpha,\beta)}$ wieder abzuziehen, da diese bereits schon in der gesamten Fernfeldapproximation $\mathcal{R}^{\#}$ enthalten sind.

Sei also $\alpha, \beta \in \mathbb{I}$, $\alpha \neq \beta$, und $\mathcal{R}^{(\alpha,\beta)}$ die exakte Resistance–Matrix zweier Partikel in einer Stokes–Strömung. Gegeben sei auch eine Approximation $\mathcal{R}^{\#}$ von $\mathcal{R}$ in (3.3.9), wie zum Beispiel $\mathcal{R}^{\mathrm{FT}}$ im letzten Kapitel. Weiter seien die jeweiligen exakten Zwei–Partikel Resistance–Matrizen und deren Fernfeldapproximation gegeben durch $\mathcal{R}^{(\alpha,\beta)}$ sowie $\mathcal{R}^{\#,(\alpha,\beta)}$, $\alpha, \beta \in \mathbb{I}$. Dabei ist $\mathcal{R}^{\#,(\alpha,\beta)}$ die Inverse, die zu $\mathcal{M}^{\#,(\alpha,\beta)}$, gehört. In unseren Simulationen wird die FT–Methode verwendet. Somit gilt nun zusammenfassend für die Definition von $\mathcal{R}^{\#}_{\mathrm{lub}}$,

$$\begin{aligned} \mathcal{R}^{\#}_{\mathrm{lub}} &:= \mathcal{R}^{\#} + \sum_{\alpha,\beta \in I\,:\,\alpha\neq\beta} \left(\mathcal{R}^{(\alpha,\beta)} - \mathcal{R}^{\#,(\alpha,\beta)}\right) \\ &= \mathcal{R}^{\mathrm{FT}} + \sum_{\alpha,\beta \in I\,:\,\alpha\neq\beta} \left(\mathcal{R}^{(\alpha,\beta)} - \mathcal{R}^{\mathrm{FT},(\alpha,\beta)}\right). \end{aligned} \tag{3.5.9}$$

Für zwei Partikel erhält man so selbstverständlich auch die exakte Zwei–Körper Lösung. Zur Vereinfachung ist ab jetzt $\mathcal{R}(\mathcal{X}) := \mathcal{R}^{\#}_{\mathrm{lub}}$ definiert als Approximation der Grand–Resistance–Matrix mit der Lubrikations–Korrektur, wie sie in (3.5.9) gegeben ist. Auf die Erweiterung von Cichocki wird hier nicht weiter eingegangen sondern auf die Originalquelle [17] verwiesen.

Ichiki [45] konnte zeigen, dass je höher die Ordnung p der betrachteten Momente, desto besser ist die Approximation der exakten Zwei–Partikel Lösung (–), die von Jeffrey und Onishi [47] gegeben ist. Abbildung 3.4 zeigt dazu X^{A}_{11}, eine Funktion, die in die Berechnung der Koeffizienten der Resistence–Matrix eingeht (3.4.4) und den Krafteinflusses eines Partikels auf den anderen beschreibt.

Es zeigt sich aber auch, dass man mit Hilfe der Lubrikations–Korrektur in der Lage ist, den in Kapitel 3.5.2 erwähnten Abschneidefehler zu vermeiden. So erhält man für den Zwei–Partikel Fall die exakte Lösung, (○). Die FT–Methode ohne Lubrikations–Korrektur ist dabei im Nahfeld identisch mit der von Ichiki [45] nullter Ordnung (●). Aber man erkennt auch, dass ohne die Lubrikations–Korrektur der hydrodynamische Einfluss nur unzureichend approximiert wird.

Fasern und Agglomerate

Die hier formulierte Methode der Stokesian Dynamics ist erst einmal nur für Partikel gültig. Dies liegt an der Entwicklung der Integraldarstellung für einen runden Partikel und den

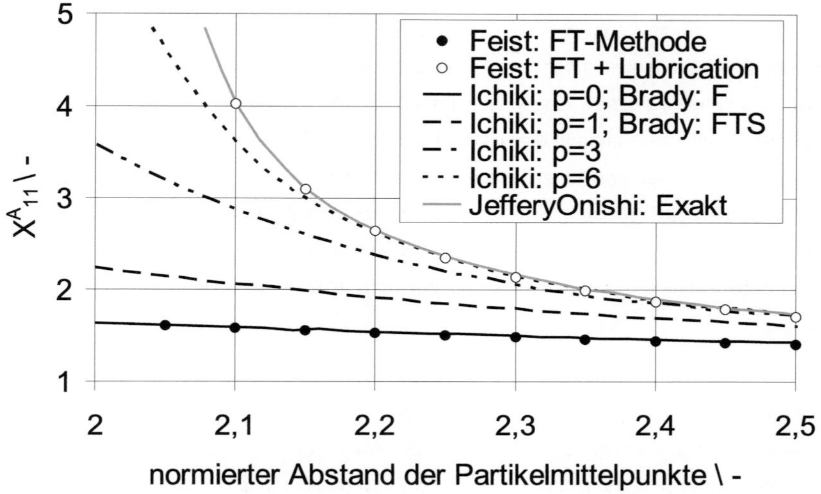

Abbildung 3.4: Funktion X_{11}^{A} des Zwei-Partikel Resistance Problems nach Abschneiden der Multipolentwicklung bei verschiedener Ordnung, Ichiki [45] im Vergleich zur Lubrikation–Korrektur und exakter Lösung [47].

Faxèn-Gesetzen, in denen die Annahme der Kugelform explizit eingegangen ist. Anstelle der Lösung für die Stokes–Gleichungen bei einer Partikelumströmung kann aber auch die Fundamentallösung für Ellipsen für die Stokesian Dynamics verwendet werden, [18], [53], [54]. So wurde sie zur Berechnung der Sedimentation zweier Ellipsen angepasst. Diese können, sofern das Achsenverhältnis groß genug ist, auch als Faserapproximation verwendet werden, vgl. [49].

Zur Approximation von ganzen Agglomeraten in Flüssigkeiten setzten Binder et al. [7] diese aus einzelnen Kugeln zusammen und untersuchten damit das Aufbrechen und Umordnen in einer Strömung.

In dieser Arbeit wird so eine Faser als starr verbundene Kegelkette approximiert. Unter Kenntnis der Geschwindigkeit und Winkelgeschwindigkeit einer Faser können die Geschwindigkeiten und Winkelgeschwindigkeiten der einzelnen Kugeln ermittelt werden. Danach wird mit Hilfe der Stokesian Dynamics die Kraft und das Moment auf jede Kugel berechnet. Anschlie-

ßend werden mit diesen und mit Hilfe der Gesetze der Mehrkörperdynamik eine Gesamtkraft und ein Gesamtmoment für die Faser bestimmt. Danach kann die Faser mit Hilfe der newtonschen Bewegungsgleichungen weiterbewegt werden.
Es ist zu erwarten, dass je länger eine Faser, die als starr angenommen wird, ist, desto besser ist diese Approximation durch eine Kugelkette. Dies zeigt sich durch Vergleiche von Widerstandsbeiwerten von Einzelfasern in einer konstanten Anströmung, siehe Abbildung 3.5. Sie wurden zum einen simuliert mit der Kugelketten–Approximation (○), zum anderen experimentell durch Sedimentation (●) ermittelt und auch von Cox [19] für Zylinder mit folgender geschlossener Formel aus der Slender Body Theorie berechnet,

$$c_{\mathsf{W},||} = \frac{F^{\mathsf{Fa}}}{6\pi\mu^{\mathsf{F}} a_r} = \frac{1}{6\pi\mu^{\mathsf{F}} a_r} \frac{2\pi l^{\mathsf{Fa}} v^{\infty}}{\ln(a_r) - 3/2 + \ln(2)}.$$

Die experimentellen Ergebnisse sind von Kasper [49] mit einzelnen Kugelketten aus Metall in Silikonöl durchgeführt worden. Er bestimmte so einen Formfaktor, aus dem sich der Widerstandsbeiwert berechnen lässt. Die Übereinstimmung zwischen den Simulationen und seinen Experimenten ist auf Grund der jeweiligen Betrachtung von Kugelketten sehr gut.

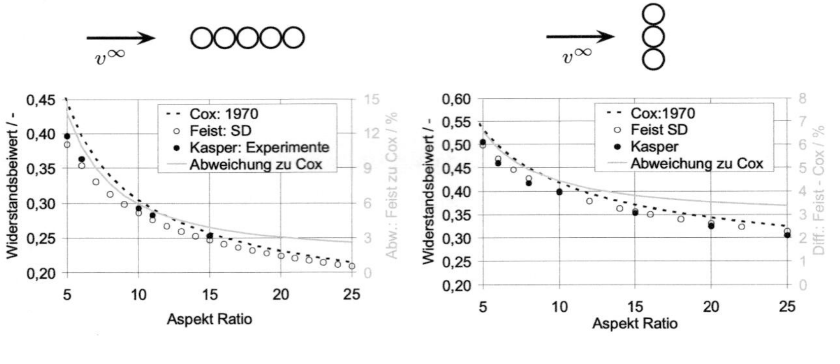

Abbildung 3.5: Abhängigkeit des Widerstandsbeiwertes vom Aspect Ratio einer Faser – Kugelketten: Feist (○), Kasper [49] (●) und Zylinder: Cox [19] (- -) – in einer Fluidströmung. Links: Faser in Strömungsrichtung, Rechts: Faser orthogonal zur Strömungsrichtung.

Die linken Achsen in Abbildung 3.5 zeigen jeweils den Widerstandsbeiwert und die rechten Achsen die Abweichung zwischen Cox und den in dieser Arbeit durchgeführten Simulationen in %. Man stellt fest, dass der Fehler bei einer senkrecht liegenden Faser für kurze Fasern mit Aspect Ratio 5 noch sehr hoch ist und bei nahezu 14 % liegt. Bei Fasern mit Aspect Ratio von 10 ist dieser aber schon bei nur noch 6 %. Je länger die Faser aber wird, desto geringer ist der Approximationsfehler. Bei waagerechter Faser, Abbildung 3.5 rechts, ist der Fehler insgesamt geringer, nimmt allerdings auch nicht so schnell ab, so dass bei einer Faser mit Aspect Ratio von 25 der Fehler immer noch bei über 3% liegt. Für die Kugelketten wird der Widerstandsbeiwert unterschätzt, was in einer insgesamt geringeren Geschwindigkeit resultiert. Es kann auch ebenso gezeigt werden, dass die Widerstandskraft auf eine Faser als Kugelkette mit zunehmendem Aspect Ratio und konstanter Dicke gegen die einer Ellipse bzw. die eines Zylinders berechnet durch die Slender Body Theorie konvergiert [49].

Allerdings wurden auch durch Simulationen mit Kugelketten hinreichend gute Resultate für kürzere Fasern erzielt, wie ein Vergleich der Trajektorien einer Sedimentation zweier Ellipsen, Kapitel 6.1.2, zu dem zweier Fasern aus zwei Kugeln zeigen wird.

Kapitel 4

Numerische Methoden

Im letzten Kapitel wurde die Methode der Stokesian Dynamics hergeleitet und deren Erweiterungen diskutiert. Für Fasern wurde eine neue Approximation vorgeschlagen und zunächst an einer Einzelfaser getestet. Im Folgenden wird das Konzept der Stokesian Dynamics in ein Integrationsschema für die Newtonschen Bewegungsgleichungen (3.1.5) eingebettet, um so auch instationäre Sedimentationsvorgänge berechnen zu können. Danach besteht ein wesentlicher Bestandteil der Simulation in einem möglichst effizienten Verfahren zur Lösung des resultierenden Gleichungssystems.

Mit Hilfe des Positionsvektors der Kugelmittelpunkte $\mathcal{X} = [x^\alpha]_{\alpha\in\mathbb{I}}$ und dem Geschwindigkeitsvektor $\mathcal{U} := [U^\alpha; \Omega^\alpha]_{\alpha\in\mathbb{I}}$ erhält man im Speziellen für die Stokesian Dynamics folgendes System von Differentialgleichungen,

$$\frac{d}{dt}\mathcal{X}(t) = \mathcal{U}(t), \tag{4.0.1}$$

$$\frac{d}{dt}\mathcal{U}(t) = \mathcal{R}(\mathcal{X}(t))\mathcal{U}(t) + \begin{bmatrix} F_{\text{net}} \\ 0 \end{bmatrix}, \tag{4.0.2}$$

für alle $t > 0$.

4.1 Methode zur Lösung der ODE

Um das Gleichungssystem (4.0.1), (4.0.2) zu lösen, wird zunächst sowohl eine explizite, als auch eine symplektische [33] bzw. für einen Partikel implizite Euler–Methode erster Ordnung verwendet. Beide Methoden zeigen keine wesentlichen Unterschiede in ihrer Anwendung und können die Partikelposition sowohl mit der alten als auch mit der neuen Geschwindigkeit berechnen. Die explizite Euler–Verfahren stellen sich im Detail wie folgt dar,

$$\text{EE1:}\begin{cases} \mathcal{X}_{n+1} = \mathcal{X}_n + \tau \mathcal{U}_n, \\ \mathcal{U}_{n+1} = \mathcal{U}_n + \tau\big(\mathcal{R}(\mathcal{X}_n)\mathcal{U}_n + F_{\text{net}}\big), \end{cases} \tag{4.1.1}$$

$$\left.\begin{array}{l} \mathcal{U}_{n+1} = \mathcal{U}_n + \tau\big(\mathcal{R}(\mathcal{X}_n)\mathcal{U}_n + F_{\text{net}}\big), \\ \mathcal{X}_{n+1} = \mathcal{X}_n + \tau \mathcal{U}_{n+1}, \end{array}\right\}\text{:EE2} \tag{4.1.2}$$

dabei bezeichnet n den entsprechenden Zeitschritt und τ die Zeitschrittweite. Analog ergeben sich die symplektischen Euler–Verfahren zu

$$\text{IE1:}\begin{cases} \mathcal{X}_{n+1} = \mathcal{X}_n + \tau \mathcal{U}_n, \\ \mathcal{U}_{n+1} = \mathcal{U}_n + \tau\big(\mathcal{R}(\mathcal{X}_n)\mathcal{U}_{n+1} + F_{\text{net}}\big), \end{cases} \tag{4.1.3}$$

$$\left.\begin{array}{l} \mathcal{U}_{n+1} = \mathcal{U}_n + \tau\big(\mathcal{R}(\mathcal{X}_n)\mathcal{U}_{n+1} + F_{\text{net}}\big), \\ \mathcal{X}_{n+1} = \mathcal{X}_n + \tau \mathcal{U}_{n+1}, \end{array}\right\}\text{:IE2} \tag{4.1.4}$$

Man erkennt, dass im Fall eines Partikels, bei dem die Resistance Matrix nicht vom Ort der Partikel abhängt, das symplektische Euler Verfahren, [22] gleich dem impliziten Euler Verfahren ist.

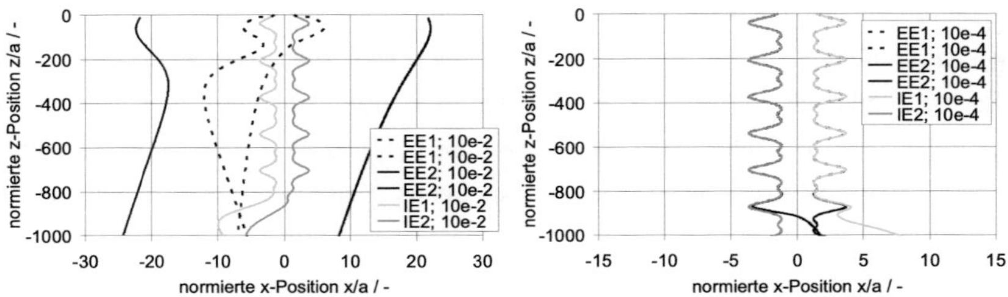

Abbildung 4.1: Vergleich der expliziten (EE) und impliziten (IE) Euler Methoden (4.1.1), (4.1.2), (4.1.3) und (4.1.4) bei verschiedenen Zeitschritten τ. Links $\tau = 10e-2$; Rechts $\tau = 10e-4$. Simuliert wurden vier Kugeln, die in den Ecken eines Quadrats gestartet wurden und eine periodische Bewegung vollführen, vgl. Kapitel 6.1.1.

Ein Vergleich der Zeitschrittweiten, siehe Abbildung 4.1, durch Simulation des instationären und periodischen Bewegungsvorgangs von vier Partikeln, deren Anfangskonfiguration ein Quadrat war, zeigt jedoch deutlich, dass die expliziten Euler Verfahren bei einem Zeitschritt von $\tau = 10e-2$ im Gegensatz zu den symplektischen Verfahren noch keine periodische

Bewegung zeigen. Bei den expliziten Verfahren springen die Partikel direkt auseinander, so dass die Konfiguration innerhalb kürzester Zeit zerstört ist. Bei $\tau = 10e - 4$ (Abbildung 4.1, Rechts), ist unabhängig vom Verfahren die periodische Bewegung zu erkennen. Wie erwartet benötigen also die expliziten Verfahren für eine Konvergenz wesentlich kürzere Zeitschritte, als die symplektischen Verfahren. Dabei ist als Konvergenzkriterium die Anzahl der durchlaufenen Perioden, zu sehen.

4.2 Algorithmus

Pro Zeitschritt gilt es nun jeweils das Gleichungssystem $\mathcal{R}(\mathcal{X})\mathcal{U}$ zu lösen, um die Kraft und das Moment für jeden Partikel zu erhalten. Dazu wird ein conjugate–gradient Verfahren (CG–Verfahren) [51] verwendet. Dies ist möglich, da die Resistance sowie die Mobility Matrix positiv definit sind, Kapitel 3.3.1. Gleichzeitig benötigt die Berechnung der hydrodynamischen Kraft die längste Zeit in dem jeweiligen Zeitschritt. Nach der Berechnung von F und T, müssen nur noch die Partikel–Gleichungen (3.1.3) und (3.1.4) gelöst werden, um so die neue Geschwindigkeit $\mathcal{U}$ und die neuen Positionen $\mathcal{X}$ der Partikel zu erhalten. Zusammengefasst stellt sich der Algorithmus wie in Abbildung 4.2 gezeigt dar. Für die Simulationen wurde in der Regel das explizite Euler Verfahren mit einem hinreichend kleinen Zeitschritt ($\tau < 10e - 3$) verwendet. Als Lubrikations–Korrektur diente für die Partikel mit einer symmetrischen Anfangskonfiguration das Schema von Brady und Bossis [11] sowie (3.5.9), für die Simulation der Fasern–Partikel–Suspensionen wurde dagegen das Schema von Cichocki [17] verwendet.

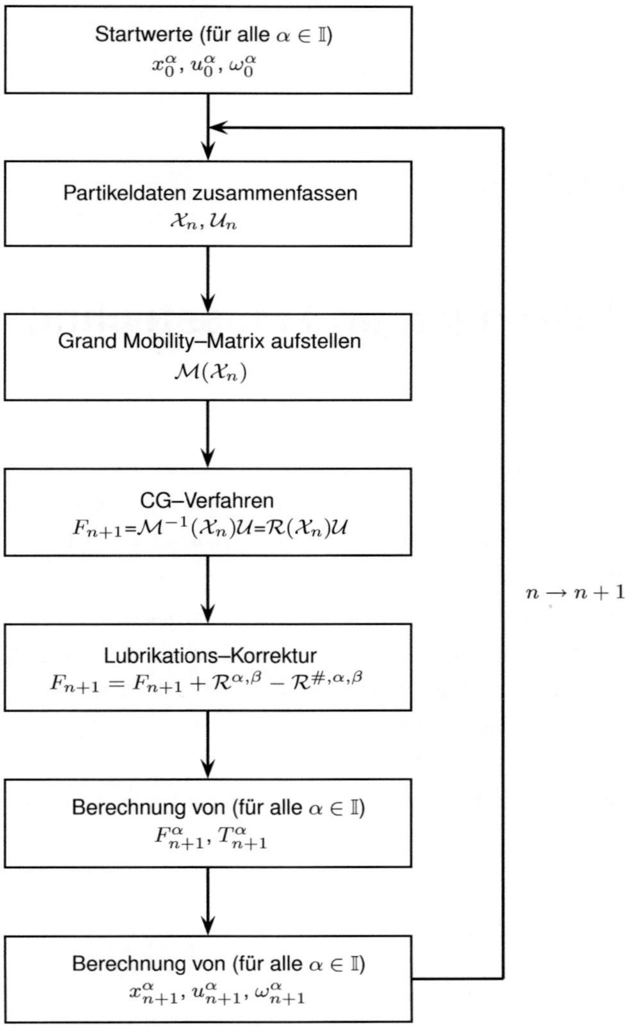

Abbildung 4.2: Fließbild des Algorithmus

Kapitel 5

Materialien und Messtechnik

Neben den numerischen Betrachtungen sind Experimente ein wichtiger Bestandteil zur Untersuchung des Sedimentationsverhaltens von Fasern und Partikeln. Grundlegende Experimente mit wenigen Partikeln dienen der Validierung des implementierten Algorithmus sowie der genaueren Untersuchung einiger mikroskopischer Strömungsvorgänge.
In diesem Kapitel wird beschrieben, welche Materialien und welche Messtechnik den experimentellen Ergebnissen zugrunde liegen. Besonderer Augenmerk wird dabei auf die Suspensionsvoraussetzungen gelegt und welche Rolle diese bei der Interpretation der Messergebnisse spielen. Zunächst werden Suspensionen vorgestellt, die auch in industriellen Anwendungen von Bedeutung sind. Anschließend folgt eine Beschreibung der Ausgangsstoffe für die akademischen Suspensionen, gefolgt von einer Aufstellung der verwendeten Messtechnik.

5.1 Materialien

5.1.1 Papiersuspensionen

Beim Prozess des Papierrecyclings ist es von entscheidender Bedeutung, wie gut sich kleine, organische Fasern, die ein wichtiger Rohstoff zur Produktion von neuem Papier sind, von den anorganischen Füllstoffpartikeln trennen lassen. Die hier in Grundlagenuntersuchungen gewonnenen Erkenntnisse über die Sedimentationseigenschaften von solchen Papiersuspensionen dienen dabei zur Beurteilung von Klassierergebnissen einer Aufstromklassierung [40]. Mit dieser wurde die Möglichkeit einer Trennung zwischen organischen Fasern und anorganischen Partikeln im Hinblick auf ein neues Verfahren im Bereich des Papierrecyclings untersucht.

Als Grundlage für die Herstellung solcher Papiersuspensionen dienten zwei im Technikumsmaßstab speziell produzierte Papiere. In einem nächsten Schritt wurden sie in reinem Wasser wieder aufgelöst und über einem Siebkorb mit Maschenweite von 150 µm gesiebt. Das Filtrat schließlich war die Grundlage für weitere Untersuchungen, so dass man annehmen kann, dass es sich bei dem Feststoff in den Suspensionen um Partikel und Fasern handelt, die hauptsächlich eine Größe unterhalb von 150 µm aufweisen. Es ist auch davon auszugehen, dass es sich in dem Größenbereich um sogenannte Faserbruchstücke handelt, die sich weder mit Wasser vollsaugen noch stark aufquellen. Des Weiteren wurde das Verfahren automatisiert, so dass eine genügend große und repräsentative Menge an Suspension hergestellt werden konnte. Abbildungen 5.1 und 5.2 zeigen einen ersten optischen Eindruck das Feststoffs dieser Suspensionen.

Abbildung 5.1: REM Aufnahmen des getrockneten Filtrats von dem gestrichenen Papier in unterschiedlicher Vergrößerung.

Das entscheidende dieser Vorgehensweise ist, dass man Suspensionen erhält, deren Bestandteile bekannt sind, da sie speziell produziert wurden, die aber immer noch, weil sie den kompletten Produktionsprozess einer Papierfabrik durchlaufen haben, vergleichbar mit den im industriellen Papierrecycling anfallenden Suspensionen sind und so bei der Übertragung auf reale Produktionsprozesse ähnliche Eigenschaften angenommen werden können. So ist die Qualität der Klassierung der Fasern und Partikel in dem Filtrat, welches die Versuchs–Suspensionen darstellt, entscheidend für die Menge an Ausschuss und damit Rohstoffverlust beim Papierrecycling–Prozess. Zur Vereinfachung sei ab hier die Bezeichnung *ungestrichenes Papier* und *gestrichenes Papier* für jeweils den Siebdurchgang der gesiebten Papiersuspensionen verwendet.

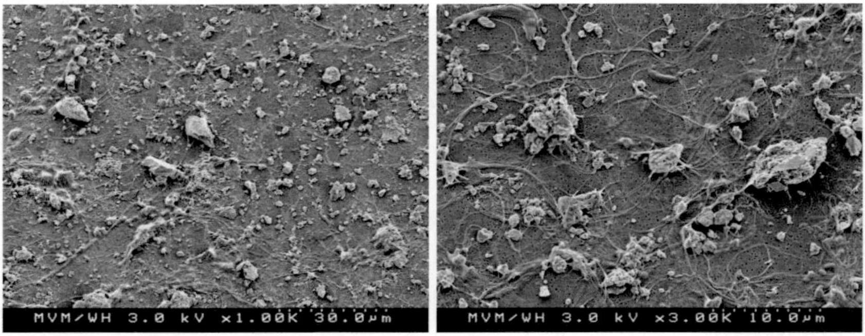

Abbildung 5.2: REM Aufnamen des getrockneten Filtrats von dem ungestrichenen Papier in unterschiedlicher Vergrößerung.

Die Suspensionen aus ungestrichenem Papier bestehen aus organischen Fasern sowie Kaolin und $CaCO_3$, welche als Füllstoff in dem Papier dienen. Es ist gleichzeitig die Basis für das gestrichene Papier, welches mit einem zusätzlichen Vorstrich aus 100 % $CaCO_3$ und einem Deckstrich versehen ist. Die Streichfarbe für diesen Deckstrich ist eine $CaCO_3$–Kaolin Suspension, deren Bestandteile in Tabelle 5.1 angegeben sind.
Man erkennt, dass die Hauptbestandteile anorganische Partikel aus $CaCO_3$ und Kaolin sind. Zusätzlich wurden noch verschiedene Stabilisatoren beigemischt um die Farb– und Papiereigenschaften zu verbessern sowie die Vergleichbarkeit zwischen den industriell anfallenden Suspensionen und den Laborversuchen zu gewährleisten. Es wurde ein Binder benötigt, um die Partikel der Streichfarbe an den Fasern zu fixieren. Carboxymethyl Cellulose und der Polyvinyl–Alkohol regulieren die rheologischen Eigenschaften der Streichfarbe und sind gleichzeitig Träger für das Blancophor, welches für die Weiße des späteren Papiers verantwortlich ist. Diese Inhaltsstoffe üben jedoch keinen Einfluss auf das Sedimentationsverhalten der einzelnen Partikel in der Streichfarbe aus, was in Kapitel 7.2.2 gezeigt wird.

Tabelle 5.1: Inhaltsstoffe der Streichfarbe.

material	**Anteil / %**
$CaCO_3$	43.3
Kaolin	43.2
Binder	11
Carboxymethyl cellulose	0.5
Polyvinyl–Alkohol	0.4
Blancophor	0.6

Mit Hilfe einer thermogravimetrischen Analyse (TGA) wurde nach DIN 54370 der Aschegehalt und so die Bestandteile der Faser–Partikel–Suspensionen ermittelt. Man kann folgende Anteile der Inhaltsstoffe, siehe Tabelle 5.2, angeben.

Entscheidend für das Sedimentationsverhalten der Suspensionen besonders unter Betrachtung des Formeinflusses der Teilchen ist der Anteil der organischen Fasern zu den anorganischen Partikeln.

Die Suspension des gestrichenen Papiers hat dabei einen niedrigen Faseranteil von 24 Fa%

Tabelle 5.2: Inhaltsstoffe des gestrichenen (vgl. Abbildung 5.1) und ungestrichenen (vgl. Abbildung 5.2) Papiers, ermittelt mit Hilfe einer TGA nach DIN 54370.

	gestrichenes Pap.	**ungest. Pap.**	**Dichte**
organischer Anteil / %	24	45	1550 kg/m^3
anorganischer Anteil / %	76	55	
Anteil $CaCO_3$ / %	53	43	2700 kg/m^3
Anteil Kaolin / %	22	12	2580 kg/m^3

wohingegen das ungestrichene Papier einen Faseranteil von 45 Fa% hat. Der anorganische Anteil von 76% und 55% enthält dabei Kaolin und $CaCO_3$. Die Dichte der organischen Fasern beträgt ungefähr 1550 kg/m^3. Die Dichte der anorganischen Anteile sind der Tabelle 5.2 zu entnehmen. Mit diesen Suspensionen ist es nun möglich den Unterschied in der Klassierung in Abhängigkeit der Streichfarbe und auf Grund des unterschiedlichen Faser-Partikel–Verhältnisses zu untersuchen.

Die Suspension aus gestrichenem Papier wurden auch in einem weiteren Prozessschritt mit Hilfe eines Kneters mechanisch dispergiert, um so die Fasern von den durch den Binder möglicherweise an ihnen haftenden Partikeln zu trennen, wodurch die Klassierqualität verbessert werden sollte.
Neben den resuspendierten Papiersuspensionen wurden ebenfalls die Einzelkomponenten, wie die reine $CaCO_3$– und Kaolin–Suspension, die Streichfarbe und das Füllmaterial, welches aus $CaCO_3$ besteht, untersucht, um eventuelle Unterschiede im Sedimentationsverhalten zu erkennen. Die gesamten Untersuchungen wurden unter Variation der Massenkonzentration zwischen 0.5 Ma% bis 3.0 Ma% (Massenprozent), durchgeführt. Weil die genauen Inhaltsstoffe in den Suspensionen bekannt sind, ist es ebenfalls möglich durch Mischen dieser mit der Streichfarbe verschiedene Faseranteile bei gleicher Feststoffmassenkonzentration einzustellen. Dabei ist zu beachten, dass in diesem Fall auf Grund der unterschiedlichen Dichten der Fasern und Partikel auch die Volumenkonzentration leicht geändert wird.
Die Untersuchungen verschiedener Clusterbildungs–Effekte bei den Papiersuspensionen, die auch zum Teil durch physikochemische Wechselwirkungen hervorgerufen werden, erfolgen, in dem alle Komponenten unter Variation des pH-Wertes bei einer Konzentration von 2 Ma% betrachtet und das Sedimentationsverhalten der Papiersuspensionen mit physikochemischen Wechselwirkungen korreliert werden.

5.1.2 Faser–Partikel–Suspensionen

Neben den realen Papiersuspensionen wurden zusätzlich akademische Suspensionen aus Fasern mit definierten Längen und Dicken sowie monodispersen Partikeln hergestellt, um so gezielt den Formeinfluss von Fasern auf die Sedimentation zu untersuchen. Dazu wurden Polyamid– und Polyacrylnitril–Fasern der Firma *Schwarzwälder Textilwerke* und Polymethylmetacrylat Partikel der Firma *Microparticles* verwendet. Die Fasern und Partikel zeichnen sich dadurch aus, dass sie eine nahezu gleiche Dichte haben. Dies bedingt, dass bei der Betrachtung von Mischungen mit verschiedenen Faser– zu Partikelanteilen die Volumenkonzentration konstant bleibt. Im Einzelnen sind die Spezifikationen in Tabelle 5.3 angegeben.
Der Vergleich der Geschwindigkeit zwischen einem Einzelpartikel und einer Einzelfaser zeigt, dass ein einzelner Partikel vier bis acht mal schneller sedimentiert, als eine einzelne Faser. Man erkennt, besonders im Hinblick darauf, dass Fasern Cluster bilden und dadurch schnel-

ler sedimentieren, dass es sich um die gleiche Größenordnung in der Geschwindigkeit handelt und somit die Fasern gleichberechtigt an der Sedimentation teilnehmen.

Tabelle 5.3: Spezifikationen der für die Experimente verwendeten und definierten Fasern und Partikel.

	Fasern		
Bezeichnung in dieser Arbeit	kurze Faser	mittlere Faser	lange Faser
Material	Polyamid	Polyacrylnitril	
Dichte / **kg/m^3**	1140	1180	
Länge / 10^{-3} **m**	0,75	1,0	2,0
Dicke/Durchm. / 10^{-6}**m**	10		
Stokes–Geschw. in H_2O / 10^{-5} **m/s**	$V_{\|\|}$ =9,38 $V_{\perp}$ =5,8	$V_{\|\|}$ =10 $V_{\perp}$ =6,9	$V_{\|\|}$ =11,6 $V_{\perp}$ =6,13
Beispiele: Crowding–Faktor N			
0,25 V%	9,38	16,7	66,7
0,5 V%	18,75	33,3	133,3
1,5 V%	56,25	100	400

(a) Definierte Fasern

	Partikel
Material	Polymethylmetacrylat
Dichte / **kg/m^3**	1190
Durchmesser / 10^{-6}**m**	63
Stokes–Geschw. in H_2O / 10^{-5} **m/s**	41,5

(b) Definierte Partikel

Als Sedimentationsmedium standen dabei zwei Öle und Isopropanol zur Verfügung. Die Daten hierfür sind in Tabelle 5.4 zu finden.

Die Sedimentationsmedien unterscheiden sich im Wesentlichen in ihrer Viskosität. Damit erlauben sie eine Variation des Beschleunigungsverhaltens bei den Sedimentationsuntersuchungen.

Tabelle 5.4: Spezifikationen der verwendeten Sedimentationsmedien.

Bezeichnung	Sonnenbl.–öl	Paraffinöl	Para.–öl (40 °C)	Isopropanol
Dichte (20 °C)/ kg/m^3	919	848	832	785
Viskosität (20 °C) / mPa s	65	32	13,71	2,38

Für die Experimente mit einzelnen Partikeln, die zur besseren Untersuchung und Validierung der Simulationen dienen, standen Glaskugeln und dickflüssiges Paraffinöl mit folgenden Spezifikationen zur Verfügung, Die Glaskugeln sind dabei als perfekt rund anzusehen.

Tabelle 5.5: Spezifikationen der für die Einzelpartikel–Experimente.

Material	**Glaskugeln**	**Paraffinöl (dickfl.)**
Dichte / kg/m^3	1190	870
Durchmesser / 10^{-3}**m**	2,5	
Viskosität (20 °C) / mPa s		220
Stokes–Geschw. / 10^{-3} **m/s**	2,5	

5.2 Messapparaturen

Nach Beschreibung der Materialien werden nun die verwendeten Messapparaturen betrachtet. Dabei wird besonders auf die Annahmen und Voraussetzungen an die Suspensionen eingegangen, die einer Messung zugrunde liegen. Diese Annahmen sind oft für reine Partikel–Suspensionen entwickelt worden und müssen auf die Betrachtung von Faser–Suspensionen erweitert werden.

5.2.1 Sedimentationswaage

Ein Messgerät zur Messung des Sedimentationsverhaltens einer Suspension im Erdschwerefeld ist eine sogenannte Sedimentationswaage. Für die Experimente in dieser Arbeit wurde das Modell Mettler HE10 verwendet.

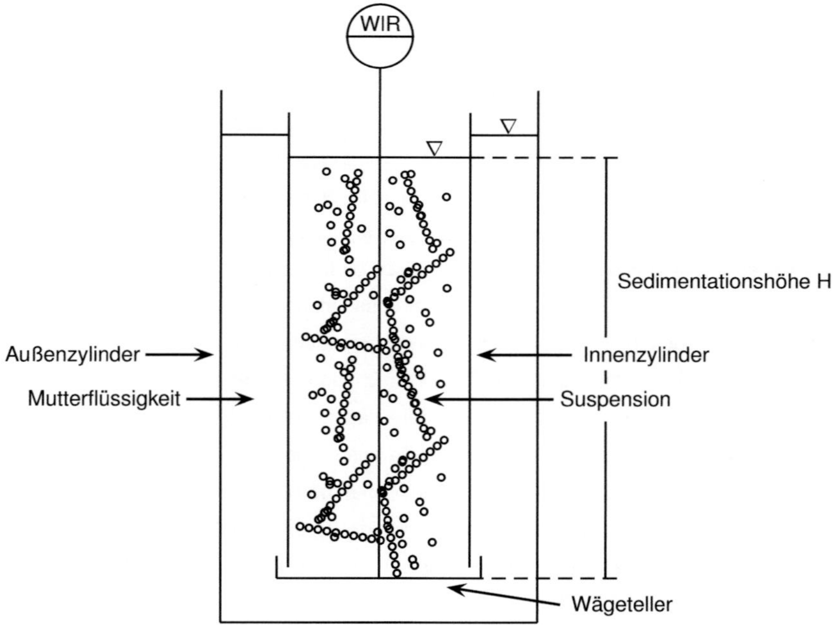

Abbildung 5.3: Prinzipskizze einer Sedimentationswaage.

In Abbildung 5.3 ist eine Prinzipskizze einer Sedimentationswaage gezeigt. Die zu messenden Partikel und Fasern bilden zu Beginn eine homogen durchmischte Suspension, die sich im inneren Zylinder befindet. Der Feststoff beginnt dann im Erdschwerefeld auf den Wägeteller zu sedimentieren und eine Waage registriert die Zunahme der Masse in Abhängigkeit der Zeit. Im Außenzylinder befindet sich die gleiche Flüssigkeit, aus der die Suspension besteht. Dadurch ist der Wägeteller kräftefrei gelagert. Aus den erhaltenen Daten lässt sich schließlich eine Sinkgeschwindigkeitsverteilung bestimmen.

Dazu sei $R(v^\alpha, t)$ der Mengenanteil des Feststoffes α, der sich zu einem Zeitpunkt $t > 0$ auf dem Wägeteller befindlichen Partikelklassen, für die $v^\alpha > \frac{H}{t}$ gilt. $Q_3(v^\alpha, t)$ sei äquivalent der Mengenanteil, der in der Suspension zurückgebliebenen Partikelklassen, für die demnach $v_\alpha < \frac{H}{t}$ und $R(v^\alpha, t) = 1 - Q_3(v^\alpha, t)$ gilt. Damit lässt sich folgende Berechnungsformel für eine Sinkgeschwindigkeitsverteilung aus den Messdaten angeben,

$$1 - R(v^\alpha, t) = Q_3(v^\alpha, t) = 1 - \frac{1}{m_{\text{ges}}}\Big(m(t) - t\frac{d}{dt}m(t)\Big). \qquad (5.2.1)$$

Dabei ist $m(t)$ die gemessene Masse der Partikel auf der Waage zum Zeitpunkt $t > 0$ und m_{ges} die Gesamtmasse aller Partikel in der Suspension. Es ist zu beachten, dass alle Massen lediglich als Relativmassen vorliegen, d. h. die Masse der Teilchen ist jeweils verringert um deren Auftrieb. Die erste Gleichheit folgt aus der Definition von $R(v^\alpha, t)$ und $Q_3(v^\alpha, t)$. Eine wichtige Voraussetzung für die Herleitung der zweiten Beziehung von (5.2.1) ist, dass die Masse maximal linear zunimmt. Physikalisch bedeutet dies, dass immer die schnellste Partikelklasse zuerst vollständig auf den Teller absedimentiert und die langsameren und kleineren Partikel danach. In Partikelwechselwirkungen übersetzt, heißt das, dass die Suspension während der Sedimentation ihre Stabilität nicht ändert. Dies ist aber gerade bei Faser–Suspensionen nicht der Fall, da insbesondere Fasern während eines Sedimentationsvorgangs Cluster bilden und sich deshalb auch die Suspensionsstabilität ändert.

Um die Auswirkungen dieser Verletzung der Annahme besser erkennen zu können, aber dennoch eine Aussage über die Sinkgeschwindigkeitsverteilung solcher Suspensionen zu treffen, sei hier nochmals kurz die Herleitung von (5.2.1) wiederholt, siehe hierzu auch Oden [75].

Zu einem beliebigen Zeitpunkt $t^* > 0$ sind alle Partikel α, $\alpha \in \mathcal{I}$ (einer Indexmenge), für die $v^\alpha > \frac{H}{t^*}$ gilt aus der Suspension bereits aussedimentiert. Hinzu kommen aber alle anderen Partikel, von denen ebenfalls eine gewisse Menge sedimentiert ist, da die Suspension homogen vermischt war. Diese Menge kann man mit Hilfe der Strecke $y^\alpha(t^*) = v^\alpha t^*$ und der Beziehung 5.2.3 durch folgende Differentialgleichung beschreiben,

$$\frac{y^\alpha(t^*)}{H} q_3(v^\alpha, t^*) = \frac{t^*}{H} v^\alpha \frac{d}{dv^\alpha} Q_3(v^\alpha, t^*). \qquad (5.2.2)$$

Dabei ist H die gesamte Füllhöhe der Suspension in der Sedimentationswaage, vgl. Abbildung 5.3, und $q_3(v^\alpha, t^*)$ die Dichteverteilung der Sedimentationsgeschwindigkeit.

Für diese Verteilungen gilt allgemein

$$q_i(\xi, \cdot) = \frac{d}{d\xi} Q_i(\xi, \cdot), \quad \text{für } i = 0, \cdots, 3. \qquad (5.2.3)$$

Dabei bezeichnet ξ ein formales Argument, welches zum Beispiel eine Partikelgröße oder hier die Sinkgeschwindigkeit darstellt. Der Index i beschreibt die Dimension der Referenzgröße. So bezieht sich 0 auf die Anzahl, 1 auf die Länge, 2 auf die Oberfläche und 3 auf das Volumen bzw. die Masse der Teilchen, vgl. zum Beispiel [84].

Integration von (5.2.2) von der kleinsten Sinkgeschwindigkeit $v_{\min}$ bis zur Geschwindigkeit $v^\alpha(t^*) = \frac{H}{t^*}$ liefert,

$$\int_{v_{\min}}^{v^\alpha(t^*)} \frac{y^\alpha(t^*)}{H} q_3(v^\alpha, t^*)\, dv^\alpha = \frac{t^*}{H} \int_0^{Q_3^\alpha} v^\alpha\, dQ_3(v^\alpha, t^*). \tag{5.2.4}$$

Dabei ist $Q_3^\alpha := \sum_{\beta \in \mathcal{I}, v^\beta < v^\alpha = \frac{H}{t^*}} Q_3(v^\beta, t^*)$. So ergibt sich der für den zum Zeitpunkt t^* insgesamt absedimentierte Feststoffmassenanteil $R(v, t^*)$ als Addition des Anteils, der bereits vollständig aussedimentierten Partikelklassen $R^\alpha := \sum_{\beta \in \mathcal{I}, v^\beta > v^\alpha = \frac{H}{t^*}} R(v^\beta, t^*)$ und der Formel (5.2.4) zu,

$$R(v, t^*) = R^\alpha + \frac{t^*}{H} \int_0^{Q_3^\alpha} v dQ_3(v, t^*).$$

Differenzieren dieser Beziehung nach der Zeit führt zu

$$\frac{d}{dt} R(v,t)|_{t^*} = \frac{d}{dt} R^\alpha|_{t^*} + \frac{1}{H} \int_0^{Q_3^\alpha} v dQ_3(v, t^*) + \frac{t^*}{H} \frac{d}{dt} \int_0^{Q_3^\alpha} v dQ_3(v,t)|_{t^*}. \tag{5.2.5}$$

Das zweite Integral auf der rechten Seite kann weiter umgeformt werden und ergibt,

$$\begin{aligned} \frac{t^*}{H} \frac{d}{dt} \int_0^{Q_3^\alpha} v dQ_3(v,t)|_{t^*} &= \frac{t^*}{H} \frac{dQ_3(v,t)}{dt} \frac{d}{dQ_3(v,t)} \int_0^{Q_3^\alpha} v dQ_3(v,t)|_{t^*} \\ &= \frac{t^*}{H} \frac{d}{dt} Q_3^\alpha v|_{t^*} = \frac{d}{dt} Q_3^\alpha. \end{aligned} \tag{5.2.6}$$

Aus der Definition von $R^\alpha := 1 - Q_3^\alpha$ folgt,

$$\frac{d}{dt} R^\alpha = -\frac{d}{dt} Q_3^\alpha. \tag{5.2.7}$$

Nun erhält man aus (5.2.5) durch Einsetzen von (5.2.6) und (5.2.7)

$$\frac{d}{dt} R(v,t)|_{t^*} = -\frac{d}{dt} Q_3^\alpha + \frac{1}{H} \int_0^{Q_3(v,t^*)} v dQ_3(v,t^*) + \frac{d}{dt} Q_3^\alpha = \frac{1}{H} \int_0^{Q_3^\alpha} v dQ_3(v,t^*).$$

Insgesamt gilt damit für den Massenanteil $R(v, t^*)$, der sich zum Zeitpunkt t^* auf dem Wägeteller befindenden Partikel

$$R(v, t^*) = R^\alpha + t^* \frac{d}{dt} R(v,t)|_{t^*}.$$

Mit Hilfe von $R(v,t^*) = \frac{m(t^*)}{m_{\text{ges}}}$ folgt weiter

$$R^\alpha m_{\text{ges}} = m(t^*) - t^* \frac{d}{dt} m(t)|_{t^*}.$$

Schließlich ergibt sich zusammenfassend die obige Gleichung (5.2.1),

$$1 - R^\alpha = Q_3^\alpha = 1 - \frac{1}{m_{\text{ges}}} \left(m(t^*) - t^* \frac{d}{dt} m(t)|_{t^*} \right).$$

Zur Auswertung diskreter Messdaten lautet das Ergebnis für Q_3 mit Hilfe des zentralen Differenzenquotienten,

$$Q_3^{n+1} = 1 - \frac{1}{m_{\text{ges}}} \left(m_{n+1} - t_{n+1} \frac{m_{n+2} - m_n}{t_{n+2} - t_n} \right). \tag{5.2.8}$$

Stabilität ändernde Suspensionen

Bei Suspensionen, bei denen sich die Stabilität während der Sedimentation verändert, stellt man fest, dass sich Werte für Q_3 ergeben, die größer als 100 % sind und damit den Definitionsbereich von Q_3 überschreiten. Dies ist insbesondere bei unseren Versuchen mit den Faser–Suspensionen zu erkennen. Der Grund für dieses Verhalten ist in den Voraussetzungen für die theoretische Herleitung, die der Auswertung der Messdaten zu Grunde liegt, zu finden. Wie oben schon erwähnt, wird insbesondere angenommen, dass die zeitliche Zunahme der Feststoffmasse auf dem Wägeteller maximal linear ist. Falls sich aber die gemessene Masse in einem Zeitintervall stärker als linear ändert, gilt

$$\begin{aligned}
\iff \quad & t_{n+1} \frac{m_{n+2} - m_n}{t_{n+2} - t_n} > m_{n+1}, \\
\iff \quad & 0 > m_{n+1} - t_{n+1} \frac{m_{n+2} - m_n}{t_{n+2} - t_n}, \\
\iff \quad & 0 > m_{n+1} - t_{n+1} \frac{m_{n+2} - m_n}{t_{n+2} - t_n}, \\
& 0 > \frac{1}{m_{\text{ges}}} \left(m_{n+1} - t_{n+1} \frac{m_{n+2} - m_n}{t_{n+2} - t_n} \right).
\end{aligned}$$

Mit der Gleichung (5.2.8) folgt daraus

$$Q_3^{n+1} > 1.$$

Physikalisch kann dies dadurch begründet werden, dass sich während eines Sedimentationsprozesses von Fasern auf Grund hydrodynamischer Einflüsse Cluster – also größere

Partikel – bilden, die aber zu Beginn des Sedimentationsvorgangs noch nicht in der Suspension vorhanden waren. Diese haben wegen ihrer Größe eine im Vergleich zu den Einzelpartikeln höhere Sinkgeschwindigkeit und müssten, wenn sie sich von Anfang an in der Suspension befunden hätten, schon lange auf dem Wägeteller liegen. Da so plötzlich zu einem späteren Zeitintervall mehr Masse auf den Wägeteller sedimentiert ändert sich die Gesamtmasse stärker als linear.

Es gibt nun mehrere Möglichkeiten, diese Annahme zu verallgemeinern. Eine Möglichkeit ist, die Sinkgeschwindigkeitsverteilung erst ab dem Zeitpunkt, ab dem Werte unter Eins erreicht werden, zu betrachten. Dadurch erhält man ein Sinkgeschwindigkeitsverhalten, welches eine Überlagerung aus dem Umordnungsprozess und der Sedimentation ist. Je nachdem ob die Umordnung im Vergleich zur Sedimentation schnell vonstatten geht, ist sie bereits schnell abgeschlossen und man erhält das Sedimentationsverhalten einer stationären Suspension. Dadurch wird man in der Regel die mittlere Sedimentationsgeschwindigkeit des Feststoffs unterschätzen, weil die gesamte Umordnungszeit nicht betrachtet wird. Trifft man dagegen zuvor die Annahme, dass irgendwann während des Sedimentationsprozesses die Agglomeration und Umordnung abgeschlossen ist, hat man die Möglichkeit, eine genauere Aussage über das danach stattfindende Sedimentationsverhalten zu treffen. Insbesondere bei Faser–Suspensionen ist dies der Fall, denn in [16], [39] wird bereits erwähnt, dass die Cluster irgendwann eine stationäre Größe haben und diese sich nicht mehr stark ändert.

Für den zweiten Fall nehmen wir also an, dass dieser Umordnungsprozess nach einer gewissen Zeit $t_0 > 0$ abgeschlossen ist oder das Bewegungsverhalten von der Sedimentation der Teilchen dominiert wird. Dies bietet die Möglichkeit, die Messdaten um genau diese Anfangszeit zu verschieben. Dabei gilt mit $t_0, H_0, R_0 := R(t_0)$ und $\tilde{t} := t - t_0, \tilde{m}_{\text{ges}} := m_{\text{ges}} - m_0$ für den Massenanteil auf dem Wägeteller,

$$\begin{aligned} 1 - R(t+t_0) - R_0 &= Q_3(t+t_0) \\ &= 1 - \frac{1}{m_{\text{ges}} + m_0}\Big(m(t+t_0) - (t+t_0)\frac{dm(t+t_0)}{dt} - m_0\Big) \end{aligned}$$

oder auch

$$1 - R(\tilde{t}) = Q_3(\tilde{t}) = 1 - \frac{1}{\tilde{m}_{\text{ges}}}\Big(m(\tilde{t}) - \tilde{t}\frac{dm(\tilde{t})}{d\tilde{t}}\Big)$$

und

$$H = H_0 - v_{x_{50}} t_0.$$

Dabei bezeichnet $v_{x_{50}}$ eine zu bestimmende, mittlere Sinkgeschwindigkeit, wie zum Beispiel die Stokes Geschwindigkeit eines Teilchens in der Suspension. Die weitere Herleitung dieses Zusammenhangs ist analog zu der oben gezeigten Herleitung und soll hier nicht wiederholt werden. Offen bleibt allerdings noch, wie man aus den gemessenen Daten den Zeitpunkt t_0 ermitteln kann. Dazu sei die diskretisierte Formel (5.2.8) betrachtet

$$Q_3^{n+1} = 1 - \frac{1}{m_{\text{ges}} - m_0}\Big((m_{n+1} - m_0) - (t_{n+1} - t_0)\frac{m_{n+2} - m_n}{t_{n+2} - t_n}\Big).$$

Der Zeitpunkt, ab dem wieder die Sedimentation dominiert, ist damit genau dann erreicht, wenn gilt,

$$t_{n+1}\frac{m_{n+2} - m_n}{t_{n+2} - t_n} - m_{n+1} < 0.$$

Diesen Wert kann man aus den Messdaten ermitteln und schließlich definiert man

$$t_0 := t_n, \quad R_{\text{neu}} := R - R_0, \quad H_0 = H(t) - v_{x_{50}} t_0$$

und kann so die Sinkgeschwindigkeitsverteilung der umgeordneten Suspension bestimmen. Der Parameter $v_{x_{50}}$ sollte dabei sinnvoll gewählt werden. Eine mögliche Wahl wäre bei monodispersen Systemen die Stokes–Geschwindigkeit eines Einzelteilchens zu nutzen sowie bei Polydispersen die des mittleren Teilchens. Aber auch die mittlere Sinkgeschwindigkeit des unkorrigierten Sedimentationsverlaufs ist als Referenzgeschwindigkeit denkbar. Die zuerst erwähnte Möglichkeit hat den Vorteil, dass $v_{x_{50}}$ rein aus den Feststoffdaten gewonnen wird und völlig unabhängig von den Suspensionseigenschaften wie der Konzentration oder den Wechselwirkungen der Teilchen in der Suspension ist.

Eine Sedimentationsanalyse im Erdschwerefeld ist allerdings nur dann möglich, wenn die Partikel groß genug sind, um hinreichend schnell abzusedimentieren. Dies ist für Partikel im unteren µm Bereich, wie sie in den Papiersuspensionen zu finden sind, leider nur zum Teil möglich. So dauerten die Messungen mit der Sedimentationswaage im Erdschwerefeld sehr lange. Eine Möglichkeit dies zu umgehen, ist die treibende Kraft des Erdschwerefeldes mit einer Zentrifuge zu erhöhen. Für Messungen der gesamten Sinkgeschwindigkeitsverteilung diente hier eine Manometerzentrifuge [4], [6].

5.2.2 Manometerzentrifuge

Die Messtechnik der Manometerzentrifuge, siehe Bickert [6], beruht auf dem Manometerprinzip, [63]. Dieses Messprinzip verwendet die Druckdifferenz zwischen zwei Messpunkten zur Bestimmung der dort herrschenden Partikelkonzentration, um dann daraus eine Sinkgechwindigkeitsverteilung zu berechnen.

Bei der Manometerzentrifuge befindet sich eine Küvette am Ende eines langen Rotorarms und wird mit der zu untersuchenden Suspension befüllt. Zwischen zwei Bohrungen wird bei eingeschalteter Zentrifuge die Druckdifferenz mittels eines zentral sitzenden Differenzdruck–Messumformers gemessen. Diese hängt bei konstanter Drehzahl und damit konstanter beschleunigender Kraft von der Konzentration des sich in der Messstrecke befindenden Feststoffes ab. Die Druckdifferenz fällt in Abhängigkeit der Zeit, da der Feststoff aus dem Messvolumen heraussedimentiert und nur das Fluid zwischen den Messstellen verbleibt. Schließlich erhält man einen Druck über Zeit Graph wie in Abbildung 5.4 rechts für monodisperse Partikel skizziert. Bei dieser Apparatur lassen sich C–Werte bis zu 300 erreichen. Ein weiterer wichtiger Vorteil ist das schnelle Anfahren der Zentrifuge, das es erlaubt, bereits nach wenigen Sekunden die eingestellte Drehzahl zu erhalten. Somit gilt die Annahme, dass noch keine Partikel während des Anfahrvorgangs absedimentiert sind und man die vollständige Suspension bei einer konstanten Drehzahl vermessen kann.

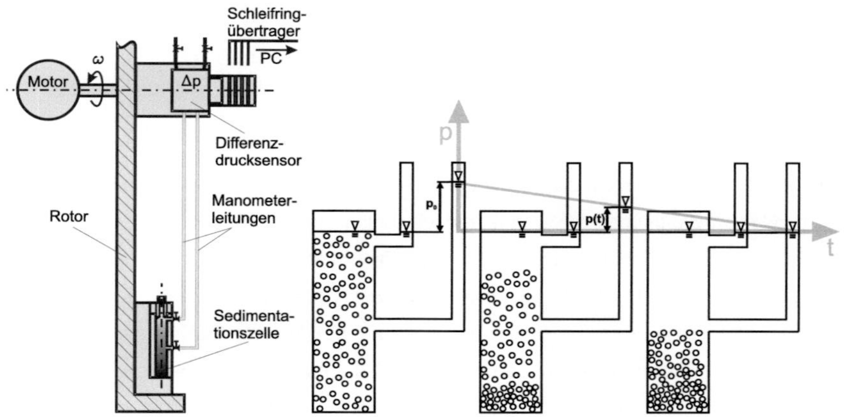

Abbildung 5.4: Links: Skizze des Rotorarms einer Manometerzentrifuge. Rechts: Messprinzip der Manometerzentrifuge.

Es gilt nun folgende Abhängigkeit zwischen der Sinkgeschwindigkeitsverteilung und der Partikelkonzentration und Druckdifferenz

$$Q_3(u^{\mathrm{P}}) = \frac{1}{\Delta p_0}\left(\Delta p(t_1) + t_1\left|\frac{d}{dt}\Delta p(t)\right|_{t_1}\right), \quad u^{\mathrm{P}}(t_1) = \frac{h_0}{t_1}. \tag{5.2.9}$$

Für eine detaillierte Herleitung sei hier auf Beiser [4] verwiesen. Man beachte die Äquivalenz zu der Formel (5.2.1) im Fall der Sedimentationswaage. Dabei ist Q_3 die Summenverteilung, u_p die Partikelgeschwindigkeit, Δp die Druckdifferenz, Δp_0 die Differenz des Drucks der reinen Mutterflüssigkeit, t die Zeit und t_1 ein beliebiger Zeitpunkt.
Da nun die größten Partikel zuerst sedimentieren, nimmt die Rate der Druckdifferenzabnahme ab. Für destabilisierende Suspensionen ist dies nicht mehr erfüllt und man erhält einen konvexen Differenzdruckverlauf in Abhängigkeit der Zeit.

5.2.3 LumiReader

Zwei weitere Möglichkeiten, das Sedimentationsverhalten von Suspensionen im Erdschwerefeld oder im Zentrifugalfeld zu untersuchen, bietet der LumiReader oder die LumiFuge der Firma L.U.M. GmbH [62]. Das Messprinzip beruht auf der Transmissionsmessung von Licht im NIR–Bereich (λ=880nm) mit dem die Proben zu bestimmen Zeitpunkten vollständig durchleuchtet werden. Die Transmission wird dann mit Hilfe eines CCD-Sensors aufgenommen. Dadurch erhält man zeitlich und örtlich aufgelöste Transmissionsdaten, aus denen – auf Basis des Lambert-Beer'schen Gesetzes – im Allgemeinen die Partikelkonzentration in der Suspension und damit das Entmischungsverhalten sowie im Besonderen die Geschwindigkeit des Trennspiegels (T=$\mathrm{T}_{\max}$) herausgelesen werden kann. Im LumiReader lassen sich drei Proben gleichzeitig vermessen, bei einem Messintervall von $\Delta t \geq 1s$ welches stufenlos einzustellen ist. Die zu verwendenden Küvetten sind entweder rund mit einem Durchmesser von 10 mm und einer Höhe von 100 mm oder bei gleicher Höhe oval mit einer Länge von 10 mm und einer Dicke von 8 mm.
Abbildung 5.5 rechts, zeigt einen qualitativen Sedimentationsverlauf einer Suspension. Zu jedem Zeitpunkt wird die Transmission gleichzeitig an jedem Ort der Küvette gemessen. Die Transmissionsprofile sind dabei von rot, für das erste Profil, bis nach grün, für das letzte Profil, farbkodiert. Die gleichen Abstände der Messkurven im vorderen Bereich zeigen, dass der Trennspiegel zunächst mit konstanter Geschwindigkeit sedimentiert, was auf ein monodisperses Partikelsystem schließen lässt. Die enger werdenden Profile in der Nähe des

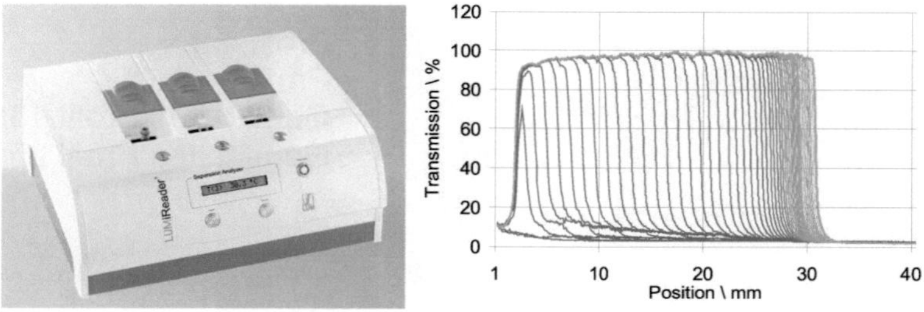

Abbildung 5.5: Links: LumiReader, Rechts: Qualitatives Transmissionsprofil eines typischen Sedimentationsverlaufs.

Küvettenbodens bedeuten eine Verlangsamung der Sedimentation, durch Sedimentkonsolidierung. Das dicht gepackte Sediment am Ende der Küvette zeigt dabei keine Transmission. Da ein Profil pro Zeitschritt aufgenommen wird, kann man aus diesen Positionen eine Trennspiegelgeschwindigkeit ermitteln. Mit Hilfe des Gesetzes von Richardson–Zaki (2.2.2) ließe sich daraus, falls gewünscht, die Stokessche Sinkgeschwindigkeit berechnen sowie unter Annahme der Gültigkeit der Stokes Formel (2.2.1) sogar eine Partikelgröße angeben.

Erweiterung der Auswertung für flockende Systeme

Zur Untersuchung von Cluster oder Flocken bildenden Suspensionen ist das Messprinzip der Transmissionsmessung nur bedingt geeignet. Bei solchen Suspensionen entstehen häufig Bereiche hoher Transmission, in denen sich zu dem Zeitpunkt der Messungen kaum Teilchen aufhalten sowie Bereiche niedriger Transmission, an denen sich gerade ein Cluster befindet, siehe Abbildung 5.6 rote und grüne Kurven. Dadurch ist es unmöglich, einen definierten Trennspiegel anzugeben.

Um dennoch eine Aussage über eine mittlere Sinkgeschwindigkeit des Trennspiegels machen zu können, ist eine Mittelung der Transmissionsprofile durchzuführen, wie Abbildung 5.6 durch die schwarze und graue Kurve dargestellt. Bei den Ergebnissen in dieser Arbeit wurde zur Mittelung der gleitende Durchschnitt aus jeweils 400 einzelnen Messpunkten, was einer Strecke von 3 mm entspricht, gebildet. Dadurch ist eindeutig ein Voranschreiten des Trennspiegels zu erkennen. Durch Auswahl eines konstanten und möglichst hohen Transmissionswerts erhält man wie oben beschrieben eine Trennspiegelgeschwindigkeit.

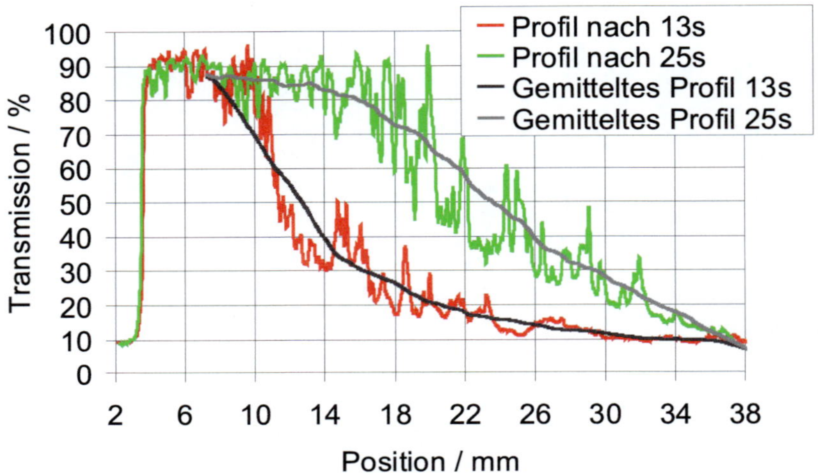

Abbildung 5.6: Qualitatives Transmissionsprofil eines Sedimentationsverlaufs einer Cluster–bildenden Faser–Suspension.

5.2.4 Weitere verwendete Messverfahren

Das ζ–Potential wurde durch das elektroakustische Messprinzip mit Hilfe des *Acoustosizers II* der Firma *Colloidal Dynamics* ermittelt. Dabei werden die Partikel durch elektromagnetische Wellen der Frequenzen 0,3 bis 11 MHz zum Vibrieren angeregt. Diese Vibrationen erzeugen einen messbaren Ultraschall. Die Amplitude dieses Schalls kann schließlich dazu verwendet werden, die Oberflächenladung zu bestimmen, vgl. auch [44], [74].

Die thermogravimetrischen Analyse (TGA) zur Bestimmung der Inhaltsstoffe in den Papiersuspensionen geschah mit der Thermo Mikro Waage *Netzsch TG 209*. Das genaue Vorgehen ist in DIN 54370 angegeben. Die Temperatur durchläuft verschiedene Bereiche, angefangen von der vollständigen Trocknung der Probe, über die Verbrennung von organischen Stoffen, bis hin zur Calcinierung und Unterscheidung der Anteile an Kaolin und $CaCO_3$.

Kapitel 6

Ergebnisse der Simulationen

Nach Implementierung der Methode der Stokesian Dynamics und einigen grundlegenden Simulationen mit einer Faser oder einem Partikel, Kapitel 3 und 4, werden im Folgenden Teilchenkonfigurationen und deren gegenseitige Einflüsse näher untersucht. Zunächst werden die Ergebnisse von Simulationen einiger weniger Partikel zum besseren Verständnis der Dynamik untereinander betrachtet. Dazu wurde die FT–Methode mit Lubrikations–Korrektur verwendet, Kapitel 3.5.2 und 3.5.3. Als Beispiele sind sowohl symmetrische, als auch unsymmetrische Anfangskonfigurationen gewählt, welche teilweise aus der Literatur bereits bekannt sind. Diese Beispielkonfigurationen sind sowohl aus Partikeln [23], wie auch aus Ellipsen [17], [54] aufgebaut. Sie dienen dazu, die Implementierung sowie die Idee der Faserapproximation durch eine Kugelkette, siehe Kapitel 3.5.3, an dynamischen Mehrpartikelsystemen zu validieren.

Weitergehende Simulationen werden ein besseres Verständnis über das Langzeitverhalten von bestimmten Teilchenkonfigurationen liefern. Schließlich werden Simulationen von Faser–Partikel–Suspensionen vorgestellt, die im Hinblick auf ihr Sedimentations– und Separationsverhalten unter Variation verschiedener Parameter, wie dem Aspect Ratio, dem Faser– zu Partikelverhältnis oder dem Dichteverhältnis zwischen Fasern und Partikeln, beurteilt werden. Die Ergebnisse zeigen neue Verhaltensweisen beim Separationsverhalten von sedimentierenden Fasern und Partikeln auf.

6.1 Konfigurationen einzelner Partikel und Fasern

In den nun folgenden Grafiken sind jeweils die x–Position der Mittelpunkte der Partikel über der z–Position, also der Höhe, aufgetragen. Die Längeneinheiten sind dabei mit dem Partikelradius, der jeweils der halben Dicke einer Faser entspricht, entdimensioniert. In diesem gesamten Abschnitt ist eine Faser wiederum als starre Kugelkette zu betrachten.

6.1.1 Partikel: Simulation

Symmetrische Ausgangskonfigurationen

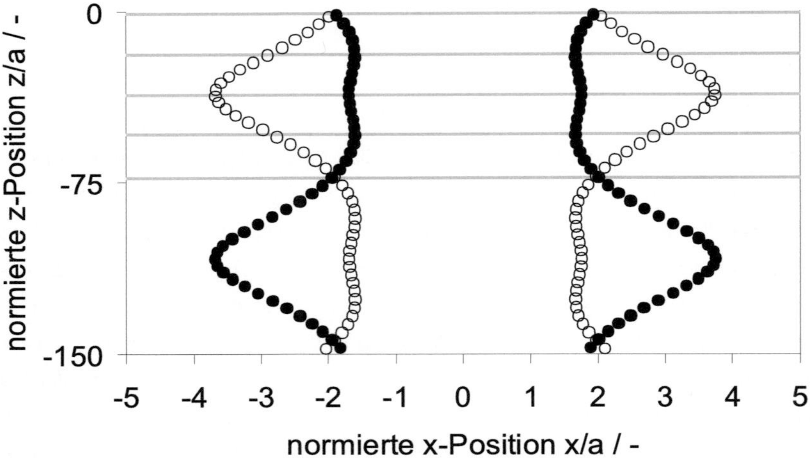

Abbildung 6.1: x–z–Projektion der periodischen Bewegung der Partikelmittelpunkte bei 8 Partikeln mit Startpositionen in den Ecken eines Würfels mit Kantenlänge 4 Mal der Partikelradius. Obere Partikel: (●); untere Partikel: (○).

Die Simulationsergebnisse beziehen sich zunächst auf Konfigurationen von acht Partikeln, welche aus einer symmetrischen Anfangskonfiguration gestartet werden. Die acht Anfangspositionen bilden die Ecken eines Würfels, dessen Kantenlänge in vielfachen des Partikelradius variiert. In der Literatur [23] betrugen die Abstände jeweils drei, vier und fünf mal den Partikelradius.

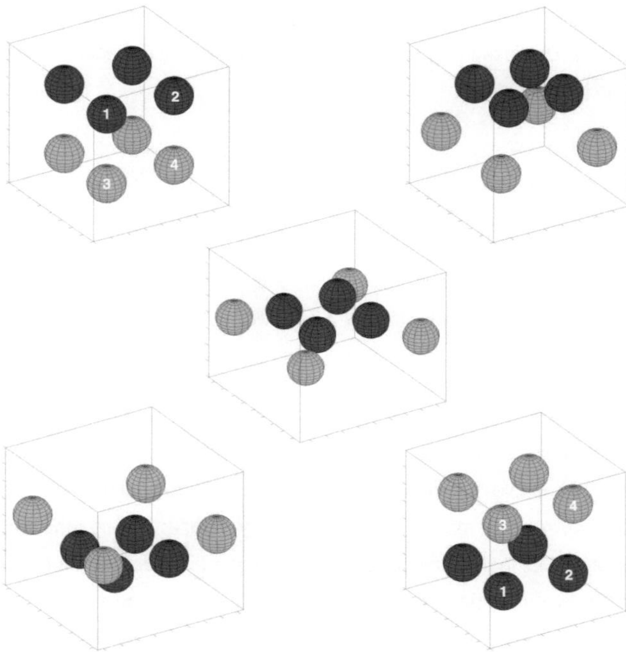

Abbildung 6.2: Fünf Konfiguration der acht Partikel, die an den grauen horizontalen Linien in Abbildung 6.1 angenommen werden, vgl. auch [29].

Abbildung 6.1 und die Bilder in Abblidung 6.2 zeigen einen qualitativen Sedimentationsverlauf solcher acht Partikel. Es ist deutlich ein periodisches Sedimentationsverhalten zu beobachten. Die oberen, dunkelgrauen Partikel nähern sich den unteren, hellgrauen Partikeln an und überholen diese. Schließlich werden wieder die Ausgangspositionen eingenommen, allerdings in umgekehrter Reihenfolge. Auf Grund der Lubrikations–Kraft berühren sich die Partikel während dieses ganzen Vorgangs nicht, vgl. [61].

Ein quantitativer Vergleich dieser Partikelsimulation ist in Abbildung 6.3 links gezeigt. Aufgetragen ist jeweils die z–Position über der x–Position der Partikel, sobald alle das erste Mal die gleiche z–Position erreicht haben. Als Anfangsabstand wurde das 3–, 4– und 5–fache des

Partikelradius gewählt. Die Simulationen zeigen eine sehr gute Übereinstimmung zu den Ergebnissen von Durlofsky [23], die mit gleicher Simulationsmethode ermittelt wurden, wie auch schon in [29] gezeigt.

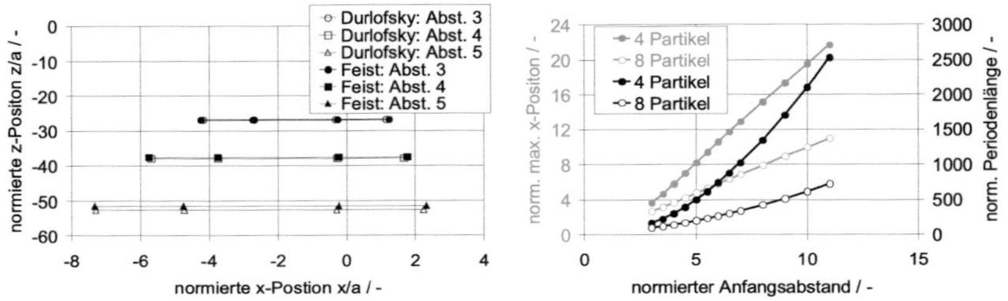

Abbildung 6.3: Simulationsergebnisse von acht Partikeln, deren Ausgangspositionen die Ecken eines Würfels bilden. Links: x–z–Projektion der Mittelpunkte nach Variation der Kantenlängen von 3, 4 bis 5 mal der Partikelradius. y–Achse: Positionen, in denen sich alle Partikel das erste Mal in der gleichen x–y–Ebene befinden. Leere Symbole: Ergebnisse aus [23]. Rechts: Periodenlängen (●), (○) und maximale Amplitude in x–Richtung (●), (○) in Abhängigkeit des Anfangsabstandes, inkl. Ergebnisse für vier Partikel (○), (○).

Auch symmetrische Konfigurationen, die nur aus vier Partikeln bestehen und anfangs in einem senkrechtem Quadrat angeordnet sind, zeigen im Vergleich zu unserer Simulation gute Übereinstimmungen mit [23], sind an dieser Stelle aber nicht gezeigt. Diese ersten Ergebnisse weisen außerdem darauf hin, dass die Länge der Periode, das heißt die Länge, die benötigt wird, damit die Partikel wieder in ihre Ursprungsposition zurückkehren, und die maximale x–Ausdehnung mit dem Anfangsabstand der Partikel ansteigen.

Weitere quantitative Untersuchungen zu diesen Beobachtungen und mit größeren Anfangsabständen führen zu interessanten Abhängigkeiten. Abbildung 6.3 rechts zeigt, dass die Periodenlänge quadratisch mit dem Anfangsabstand zunimmt (●), (○). Dagegen steigt die maximale Amplitude der Konfiguration in x– oder y–Richtung nur linear mit dem anfänglich gewählten Abstand an (●), (○). Es ist weiter zu erkennen, dass die Periodenlänge und Ausdehnung bei vier Partikeln um einiges größer sind, als bei acht Partikeln. So kann vermutet werden, dass eine solche Konfiguration eine höhere innere Energie hat und dass je mehr Partikel an einer solchen Konfiguration beteiligt sind, umso mehr Energie wird zur Zerstörung der Konfiguration benötigt wird. Dies bedingt auch den Anstieg des Abstandes und der Periodenlänge mit zunehmendem Anfangsabstand, da, je weiter die Partikel entfernt sind, desto weniger Energie hat die Konfiguration.

Eine Erklärung für die quadratische und lineare Abängigkeit liefert eine Betrachtung von zwei Partikeln mit Hilfe der Methode der Reflexionen, [55, Ch. 8.2], in Kombination mit einem Zeitschrittverfahren, wie zum Beispiel in (4.1.1) und (4.1.2) gegeben.

Zur Vereinfachung der Betrachtung seien zu Beginn die beiden Partikel in Ruhe. Weiter sei ein Partikel B_α in den Nullpunkt gesetzt. Der andere B_β befinde sich mit x–Abstand $r_0^{\alpha,\beta}$ in der gleichen Ebene. Es gilt somit $u_0^{\alpha,\beta} = 0$, $x_0^\alpha = (0,0,0)$, $x_0^\beta = (r_0^{\alpha,\beta},0,0)$ und $r^{\alpha,\beta} := |x^\alpha - x^\beta|$ als euklidischer Abstand zwischen den beiden Partikeln. Unter der Annahme, dass die Bewegung wie auch bei den Mehrpartikelsystemen periodisch in x–y–Richtung ist, folgt somit zu jedem Zeitpunkt n für den Abstand

$$r_n^{\alpha,\beta} = |2x_n^\alpha + r_0^{\alpha,\beta}|.$$

Mit der Methode der Reflexionen gilt nun für die hydrodynamische Kraft, welche die Partikel gegenseitig aufeinander übertragen, in höchster Ordnung [55, Ch. 8.2],

$$F_{\mathrm{hyd},n} \approx \frac{1}{r_n^{\alpha,\beta}}.$$

Betrachtet man nun die ersten Zeitschritte genauer, folgt für $n = 1$

$$\begin{aligned} u_1 &= u_0 - \tau F_{\mathrm{hyd},0} + \tau F_g \approx -\frac{\tau}{r_0^{\alpha,\beta}} + \tau F_g, \\ x_1 &= x_0 + \tau u_1 \approx -\frac{\tau^2}{r_0^{\alpha,\beta}} + \tau^2 F_g. \end{aligned}$$

Für $n = 2$ gilt,

$$\begin{aligned} u_2 = u_1 - \tau F_{\mathrm{hyd},1} + \tau F_g &\approx -\frac{\tau}{r_0^{\alpha,\beta}} - \tau \frac{1}{|2(-\frac{\tau^2}{r_0^{\alpha,\beta}} + \tau^2 F_g) + r_0^{\alpha,\beta}|} + 2\tau F_g, \\ x_2 = x_1 + \tau u_2 &\approx -2\frac{\tau^2}{r_0^{\alpha,\beta}} - \frac{\tau^2}{|2(-\frac{\tau^2}{r_0^{\alpha,\beta}} + \tau^2 F_g) + r_0^{\alpha,\beta}|} + 3\tau^2 F_g. \end{aligned}$$

Schließlich gilt für $n = 3$,

$$
\begin{aligned}
u_3 = u_2 - \tau F_{\text{hyd},2} + \tau F_g \approx & -\frac{\tau}{r_0^{\alpha,\beta}} + 3\tau F_g - \frac{\tau}{|2(-\frac{\tau^2}{r_0^{\alpha,\beta}} + \tau^2 F_g) + r_0^{\alpha,\beta}|} \\
& - \frac{\tau}{|2(-2\frac{\tau^2}{r_0^{\alpha,\beta}} - \frac{\tau^2}{|2(-\frac{\tau^2}{r_0^{\alpha,\beta}}+\tau^2 F_g)+r_0^{\alpha,\beta}|} + 3\tau^2 F_g) + r_0^{\alpha,\beta}|}, \\
x_3 = x_2 + \tau u_3 \approx & -3\frac{\tau^2}{r_0^{\alpha,\beta}} + 6\tau^2 F_g - \frac{2\tau^2}{|2(-\frac{\tau^2}{r_0^{\alpha,\beta}} + \tau^2 F_g) + r_0^{\alpha,\beta}|} \\
& + \frac{\tau^2}{|2(-2\frac{\tau^2}{r_0^{\alpha,\beta}} - \frac{\tau^2}{|2(-\frac{\tau^2}{r_0^{\alpha,\beta}}+\tau^2 F_g)+r_0^{\alpha,\beta}|} + 3\tau^2 F_g) + r_0^{\alpha,\beta}|}.
\end{aligned}
$$

Daraus folgt allgemein für den n–ten Zeitschritt und mit $n\tau \approx t_n$

$$
\begin{aligned}
u_{n+1} &= u_n - \tau F_{\text{hyd},n} + \tau F_g \approx -\frac{\tau}{r_0^{\alpha,\beta}} + n\tau F_g + \ldots, \\
x_{n+1} &= x_n + \tau u_{n+1} \approx -n\frac{\tau^2}{r_0^{\alpha,\beta}} + n(n-1)\tau^2 F_g + \cdots \approx -\frac{\tau}{r_0^{\alpha,\beta}} t_n + t_n^2 F_g.
\end{aligned}
$$

Dies lässt erkennen, dass bei konstantem Zeitschritt die x– und y–Komponenten des Ortes linear von n und damit linear von der Zeit abhängen. Durch die Erdbeschleunigung jedoch hängt die z–Komponente quadratisch von n und damit vom Zeitschritt ab.

Zusammenfassend kann man also folgern, dass sich bei periodischen Konfigurationen von Partikeln der gegenseitige hydrodynamische Einfluss linear mit der Zeit verhält. Eine auf die Partikel wirkende treibende Kraft wirkt sich jedoch quadratisch auf die Trajektorien aus, siehe Abbildung 6.3 rechts.

Nichtsymmetrische Ausgangskonfigurationen

Abschließend seien einige nichtsymmetrische Ausgangskonfigurationen zunächst nur mit wenigen Partikeln betrachtet, siehe Abbildung 6.4. Dabei lässt sich ebenfalls eine sehr gute Übereinstimmung, in diesem Fall wieder mit Durlofsky [23], durch Vergleich der gesamten Trajektorien der Partikel feststellen. Die nichtsymmetrische Anfangskonfiguration besteht dabei aus drei Partikeln, deren Mittelpunkte sich an den Positionen $(-5, 0, 0)$, $(0, 0, 0)$, $(7, 0, 0)$, befinden. Der Sedimentationsverlauf dieser führt direkt zu einem nicht–periodischen Sedimentationsverhalten, welches ebenfalls eine gute Übereinstimmung zeigt.

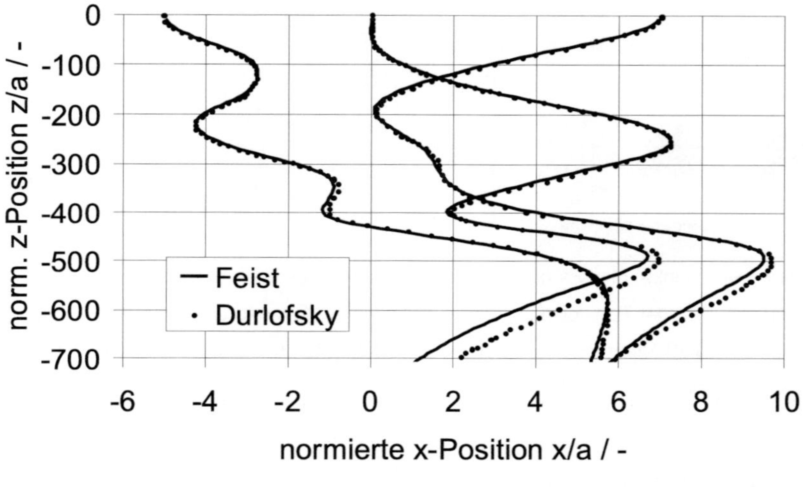

Abbildung 6.4: x–z–Projektion der Trajektorien von drei Partikeln, die an den Positionen $(-5,0,0)$, $(0,0,0)$, $(7,0,0)$ gestartet wurden [23], [29].

Aber nicht nur Konfigurationen aus wenigen Partikeln, sondern auch das Sedimentationsverhalten von Partikelwolken, die aus vielen zufällig verteilten Einzelpartikeln bestehen, können mit Hilfe der Stokesian Dynamics hinreichend genau berechnet werden, siehe Abbildung 6.5. Diese Abbildung zeigt in der rechten Grafik vier Momentaufnahmen einer sedimentierenden Partikelwolke aus 200 Partikeln bei voranschreitender Zeit t, vgl. auch [72]. Die Wolke weist zu Beginn eine Konzentration von 0,2 V% auf. Man erkennt deutlich, dass sich aus der über einen großen Zeitraum stabilen Wolke während der Sedimentation immer wieder Partikel lösen, die dann hinter ihr zurückbleiben und als einzelne herausgelöste Partikel langsamer sedimentieren.

Simulationen von unterschiedlich großen Wolken mit gleicher Konzentration und dadurch einer variierten Partikelanzahl zeigen eine mittlere maximale Geschwindigkeit, welche den Zusammenhang (2.2.4) liefert, wie Abbildung 6.5 links zeigt.

Das heißt die Geschwindigkeit einer sedimentierenden Wolke aus Partikeln hängt bei gleicher Konzentration zur 0,66–ten Potenz von der Anzahl der sie bildenden Partikeln N ab.

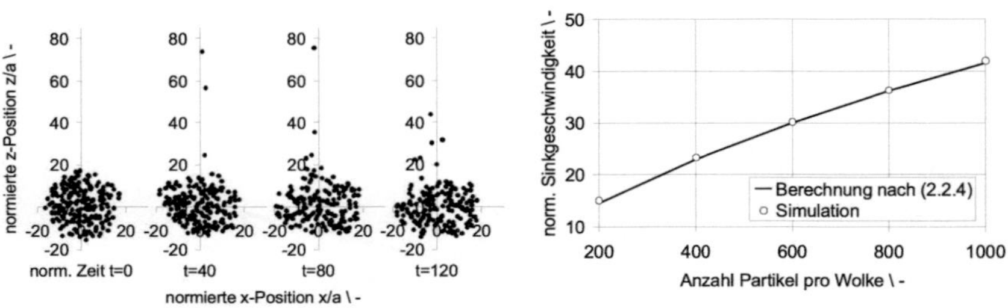

Abbildung 6.5: Links: Mittlere maximale Sinkgeschwindigkeit einer Partikelwolke in Abhängigkeit der Anzahl der Partikel in der Wolke, bei gleicher Konzentration. Vergleich: Simulation und Formel (2.2.4) Rechts: x–z–Projektion von Momentaufnahmen einer sedimentierenden Partikelwolke mit anfangs 200 Partikeln.

6.1.2 Zwei Fasern: Simulation

Wie in Abschnitt 3.5.3 schon erwähnt, werden Fasern als starre Kugelkette simuliert. Es wurde auch bereits durch Vergleich der Widerstandsbeiwerte gezeigt, dass diese Approximation für eine Einzelfaser nicht sehr viel von der analytischen Berechnung dieser mit Hilfe einer Zylinderapproximation und der Slender Body Theory abweicht.

Um nun aber auch die Interaktion zweier Fasern im Hinblick auf die hier angewandte Kugel–Approximation zu validieren, werden zunächst die Trajektorien zweier Fasern mit Aspect Ratio 2 mit den Ergebnissen von Claeys und Brady [18] verglichen. Diese berechneten das Bewegungsverhalten zweier Ellipsen mit einem Aspect Ratio von zwei in einem Fluid. Ein anschließender Vergleich mit Ergebnissen von Kim [53], [54] liefert eine allgemeinere Betrachtung auch für längere Fasern. Insbesondere wird damit der Frage nach den Grenzen einer solchen Zwei–Faser Interaktion nachgegangen.

Abbildung 6.6 zeigt das dynamische Verhalten von zwei kurzen Fasern. In der linken Grafik sind die Positionen der Fasern aufgetragen (●), (○) und mit dem Schwerpunkt der Berechnungen von Claeys und Brady [18] (- -) verglichen. Man erkennt, dass auch bei dieser dynamischen Simulation von sehr kurzen Fasern bereits eine sehr gute Übereinstimmung erzielt werden kann. Rechts sind drei Ausschnitte aus dem Sedimentationsvorgang gezeigt, der insgesamt symmetrisch verläuft. Zu Beginn entfernen sich die Fasern voneinander, bis sie nahezu waagerecht liegen. Dann klappen sie schnell um und bewegen sich wieder aufeinan-

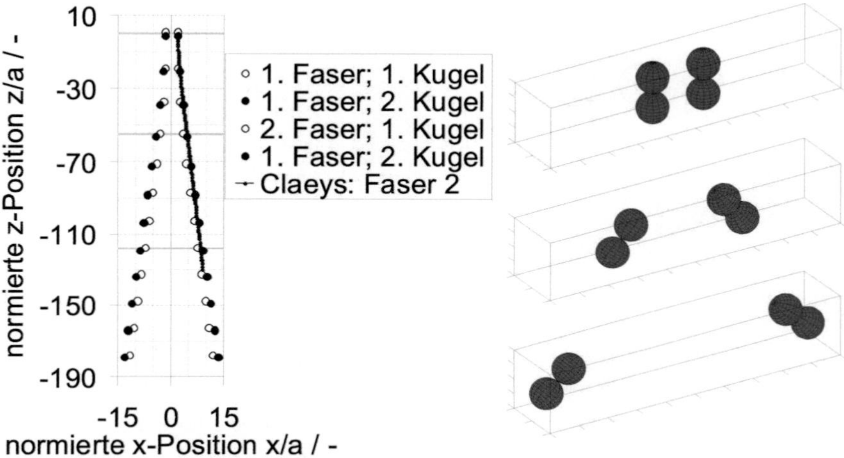

Abbildung 6.6: Sedimentation zweier Fasern mit Aspect Ratio von zwei im Vergleich zu zwei Ellipsen selben Aspect Ratios simuliert von Claeys und Brady [18]. Anfangsdistanz der Fasern: 3,5–mal der Radius. Links: Positionen der jeweiligen Kugelmittelpunkte (●), (○) und des Schwerpunkts einer Ellipse (–). Rechts: Drei Konfigurationen zeigen die relative Position der Fasern an den grauen horizontalen Linien [18], [29].

der zu. Dieses Verhalten wird im Folgenden als *Umkehrvorgang* bezeichnet. Die sedimentierte Strecke bis zur Rückkehr in die Ausgangsposition ist die Periodenlänge. Diese und die maximale x–Ausdehnung kann, wie schon bei den Partikeln, mit dem Anfangsabstand aber auch mit der Faserlänge korreliert werden. Die Startposition der Fasern ist jeweils parallel zur Bewegungsrichtung (im Fall einer Sedimentation in z–Richtung) ausgerichtet, siehe Abbildung 6.7 links.

Zunächst fällt dabei auf, dass wenn das Längen–Abstands Verhältnis zu klein gewählt ist, der gegenseitige Einfluss so groß ist, dass keine symmetrische Bewegung mehr beobachtet werden kann, sondern eine Berührung der Fasern direkt zu Beginn stattfindet. Erhöht man den Anfangsabstand, so ist zunächst die Periodenlänge und der maximale Abstand der Fasern unabhängig von diesem konstant, siehe Abbildung 6.8. Dies ist besonders für die Fasern der Länge 10 zu erkennen. Dann zeigt die Periodenlänge und der maximale Abstand einen exponentiellen Anstieg in Abhängigkeit des Anfangsabstands. Darüber hinaus ist schon bei

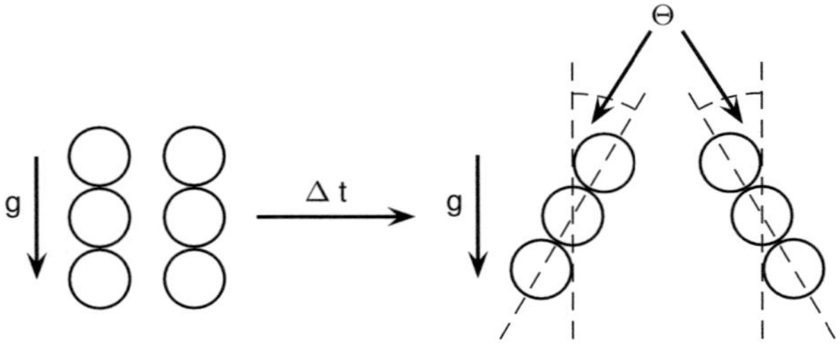

Abbildung 6.7: Versuchsanordnung.

relativ moderaten Anfangsabständen kein Umkehrvorgang der Fasern mehr zu beobachten. Im Vergleich zu den Partikeln ist dies ein gewaltiger Unterschied, denn hier ist auch noch mindestens bei Anfangsabständen von 400 Radien eine periodische Bewegung zu beobachten. Dies unterstreicht nochmals die weitreichenden Konsequenzen einer Sedimentation länglicher Partikel.

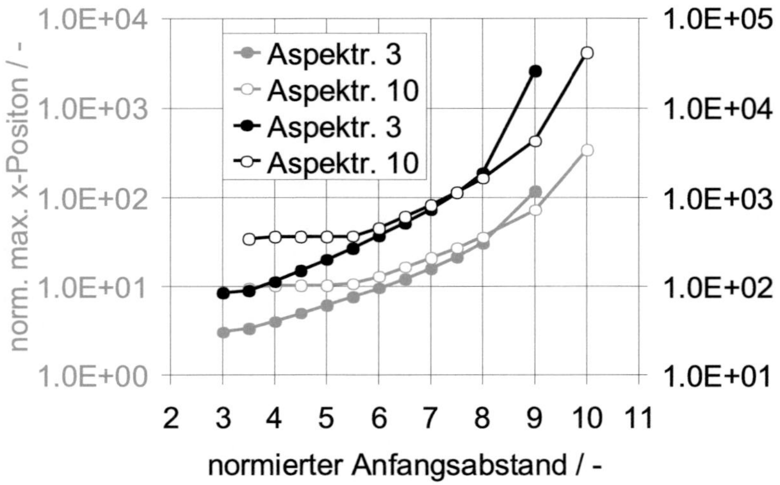

Abbildung 6.8: Periodenlängen und maximale Ausdehnung der periodischen Bewegung für die Faserlängen 3 und 10 in Abhängigkeit des Anfangsabstandes bei Anfangs paralleler Ausrichtung in Bewegungsrichtung, Abbildung 6.7 links.

Es fällt weiter auf, dass die Länge der Faser keinen starken Einfluss auf den maximalen Anfangsabstand, bei dem noch eine Umkehrung zu beobachten ist, hat. Um dies weiter zu untersuchen sei ein Vergleich mit den Beobachtungen von Kim [54] herangezogen. Er betrachtete die Bewegung zweier nach senkrechtem Start sedimentierender Ellipsen mit Aspect Ratio 2 und 10 und trug den Winkel Θ zur senkrechten Ausrichtung in Abhängigkeit von deren Abstand auf, siehe Abbildung 6.7.

Speziell betrachtete der Autor die Ellipsen im Hinblick darauf, ab welchem Anfangsabstand keine Umkehrung mehr geschieht. Das Ergebnis ist, dass bei einem zu großen Anfangsabstand die Winkelgeschwindigkeit gegen Null geht, bevor eine waagerechte Lage der Ellipse erreicht wurde. Damit ist kein Umflippen und Zurückkehren in die Ausgangslage mehr möglich. Durch Betrachtung der höchsten Ordnung bei einer Entwicklung für die hydrodynamischen Kräfte konnte er einen maximalen Anfangsabstand R_A in Abhängigkeit der Ellipsenlänge angeben, bei dem noch ein Umkehrvorgang beobachtet werden kann [53]. Der analytische Zusammenhang lautet,

$$\frac{1}{R_A} = \frac{1}{4e}\left(\frac{1}{\alpha_1} - \frac{1}{\alpha_2}\right)\Big(\cos(2\Theta) - \cos(2\Theta^\infty)\Big), \tag{6.1.1}$$

$$\alpha_1 := e^2\left(-2e + (1+e^2)\ln\left(\frac{1+e}{1-e}\right)\right)^{-1}, \tag{6.1.2}$$

$$\alpha_2 := e^2\left(2e + (3e^2-1)\ln\left(\frac{1+e}{1-e}\right)\right)^{-1}. \tag{6.1.3}$$

Dabei ist $e := \sqrt{(l^2 - d^2)/l^2}$ die sogenannte Eccentrizität. Bei der Herleitung wurden jeweils die Terme höchster Ordnung in der y–Komponente der Winkelgeschwindigkeit und in der x–Komponente der Geschwindigkeit verwendet. Weitere Bedingungen der Konfiguration zur Berechnung des maximalen Anfangsabstands R_A^{max} sind $\Theta^\infty = 90^\circ$ und $\Theta = 0^\circ$.

Mit den Widerstandsbeiwerten ($\mathrm{c}^{\mathrm{E}}_{\mathrm{W},||}$, $\mathrm{c}^{\mathrm{E}}_{\mathrm{W},\perp}$) einer vertikal und horizontal angeströmten Ellipse lässt sich außerdem Formel (6.1.1) umformen zu,

$$\frac{1}{R_A} = \frac{2}{3a_r}\left(\frac{1}{\mathrm{c}^{\mathrm{E}}_{\mathrm{W},||}} - \frac{1}{\mathrm{c}^{\mathrm{E}}_{\mathrm{W},\perp}}\right)\Big(\cos(2\Theta) - \cos(2\Theta^\infty)\Big). \tag{6.1.4}$$

Des Weiteren fällt auf, dass die Struktur von (6.1.4), das heißt die Abhängigkeit des maximalen Abstands von dem Winkel Θ, nur von den Symmetrieeigenschaften einer Ellipse abhängt. Damit ist es möglich, für jeden beliebigen Körper mit ähnlichen Symmetrieeigenschaften, zum Beispiel einem Zylinder oder einer Kugelkette, unter Kenntnis der horizontalen

und vertikalen Widerstandsbeiwerte des entsprechenden Einzelkörpers den maximalen Anfangsabstand zu berechnen. Diese Beiwerte wurden aber insbesondere schon in Kapitel 3.5.3 für Zylinder angegeben und für Kugelketten mit der SD berechnet.
Dadurch ergeben sich folgende maximale Anfangsabstände für die Ellipsen $R_A^{\text{max, E}}$ und Kugelketten $R_A^{\text{max, E}}$ mit einem Aspect Ratio von 3 und 10, siehe Tabelle 6.1.
Die Werte für Kugelketten sind etwas höher als die für Ellipsen, weil die einzelnen Widerstandsbeiwerte bereits größer sind. Allerdings weichen die maximalen Abstände, die bei Si-

Tabelle 6.1: Maximale Anfangsabstände R_A^{max} zweier Ellipsen E und zweier Kugelketten K, sim, die gerade noch eine Umkehrung ermöglichen. d^{E} und l^{E} sind Dicke und Länge der Ellipse, d^{K} und l^{K} sind Dicke und Länge einer Kugelkette.

Aspect Ratio	$R_A^{\text{max, E}}/d^{\text{E}}$	$R_A^{\text{max, E}}/l^{\text{E}}$	$R_A^{\text{max, K}}/d^{\text{K}}$	$R_A^{\text{max, K}}/l^{\text{K}}$	$R_A^{\text{max, sim}}/d^{\text{K}}$
3	5,6	1,87	6,2	2,07	$\sim$ 9,1
10	6,5	0,65	7,6	0,76	$\sim$ 10,2

mulationen zweier Kugelketten mit der Stokesian Dynamics zu erkennen sind, noch von den Werten, berechnet mit Formel (6.1.4) aus den einzelnen Widerstandsbeiwerten, ab. Dies liegt vermutlich an den sehr starken Vereinfachungen, die bei der Herleitung durchgeführt werden mussten, um den analytischen Zusammenhang (6.1.1) zu erhalten.
Bei einer qualitativen Betrachtung fällt wieder auf, dass die Längen der Körper nicht der entscheidende Parameter für die maximalen Anfangsabstände sind, denn diese sind unabhängig von dieser sehr ähnlich. Eine etwas andere Entdimensionierung in diesem Fall mit der Körperlänge bewirkt daher, dass man für lange Körper einen sehr engen Korridor für eine Umkehrung bei einem Winkel von 0° erhält, der sich aufweitet, je geringer der Aspect Ratio ist, siehe Abbildung 6.9. Diese zeigt äquivalent zu den Berechnungen in [54] mit Ellipsen, Ergebnisse die durch Simulationen mit den Kugelketten erhalten wurden. Dort ist der Winkel zur senkrechten Ausrichtung der Fasern in Abhängigkeit des mit der Faserlänge normierten Abstandes für verschiedene Anfangsabstände aufgetragen.
Es fällt insgesamt auf, dass das qualitative Verhalten gleich ist. Insbesondere gilt dies auch in Bezug darauf, dass die Faserlänge für diese Art von Bewegung nicht der entscheidende Einflussparameter ist.

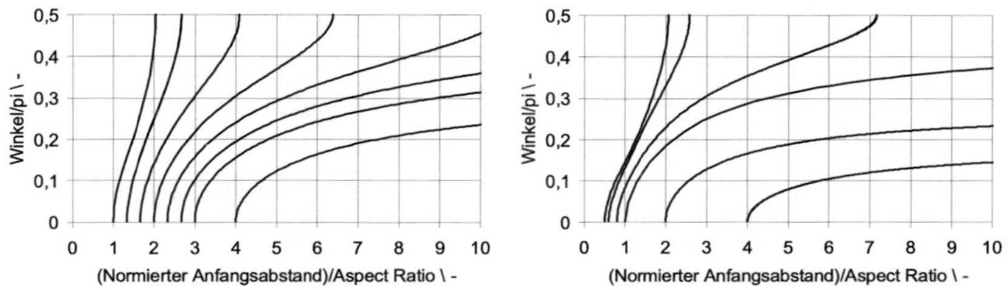

Abbildung 6.9: Sedimentationsverhalten zweier Fasern unter Variation des Anfangsabstandes, vgl. Spalte 6, Tabelle 6.1. Anfangsausrichtung: Parallel zur Gravitationskraft. Links: Aspect Ratio 3; Rechts: Aspect Ratio 10.

Abschließend kann man also davon ausgehen, dass die Approximation von starren Fasern durch Kugelketten nicht nur im Fall einer einzelnen Faser sondern auch bei der dynamischen Interaktion mehrerer Fasern ein hinreichend gutes Ergebnis liefert.

6.1.3 Teilchenkonfigurationen: Experiment und Simulation

Partikel

Nach den guten Übereinstimmungen mit Werten von Simulationsergebnissen aus der Literatur wurden zusätzlich Sedimentationsexperimente zum experimentellen Vergleich mit den Simulationen durchgeführt. Dadurch wird ergänzend gezeigt, dass die Methode der Stokesian Dynamics reale Sedimentationsprozesse gut abbildet. Als Versuchsmaterial dienten runde Glaskugeln, die in hochviskosen Ölen sedimentierten, siehe Tabelle 5.5. Die Anfangskonfiguration der Partikel ist ein in der x–z–Ebene senkrecht gestelltes Quadrat, siehe Abbildung 6.10 letztes Bild.

Entscheidend für diese Art von Experimenten ist eine kontrollierte und definierte Anfangskonstellation der Partikel. So müssen alle gleichzeitig und mit möglichst wenig Störung des umgebenden Fluids gestartet werden. Dazu wurde je ein Stützgitter mit 2 mm Maschenweite an die beiden Enden der Zangenschenkel einer Flachzange geklebt. Durch öffnen der Zange werden die Partikel störungsfrei und an definierten Positionen freigesetzt. Dabei bewirkt die Verwendung eines Gitters durch eine Minimierung der Verdrängung, eine nur geringe Störung des umgebenden Fluids. Man kann also annehmen, dass die Partikel bei Beginn des

Experiments in Ruhe waren, also eine Anfangsgeschwindigkeit von Null hatten. Für die Experimente wird ein Becherglas verwendet, welches eine Höhe von 200 mm (160 Partikelradien) und einem Durchmesser von 140 mm (112 Partikelradien) hat, so dass auch Randeffekte vernachlässigbar sind.

Nach Aufzeichnung der Partikelbewegungen mit einer Kamera wurden aus diesen Filmen nach bekannten Zeitabständen Bilder entnommen (Abbildung 6.10 Bilder) und die Position der Partikel ausgewertet. Die z– über x–Position wurde in einer Kurve aufgetragen und mit Simulationen von Partikeln gleichen Anfangsabstandes verglichen, Abbildung 6.10. Wie schon im Abschnitt 6.1.1 beschrieben führen die Partikel auch im Experiment eine periodische Bewegung aus. Die experimentellen Ergebnisse (●), (●) zeigen dabei eine sehr gute Übereinstimmung zu den Simulationen (○), für in diesem Fall Partikel mit einem Anfangsabstand von 2,67 Partikelradien. Bei den Experimenten ist ferner zu beobachten, dass kleinste Störungen

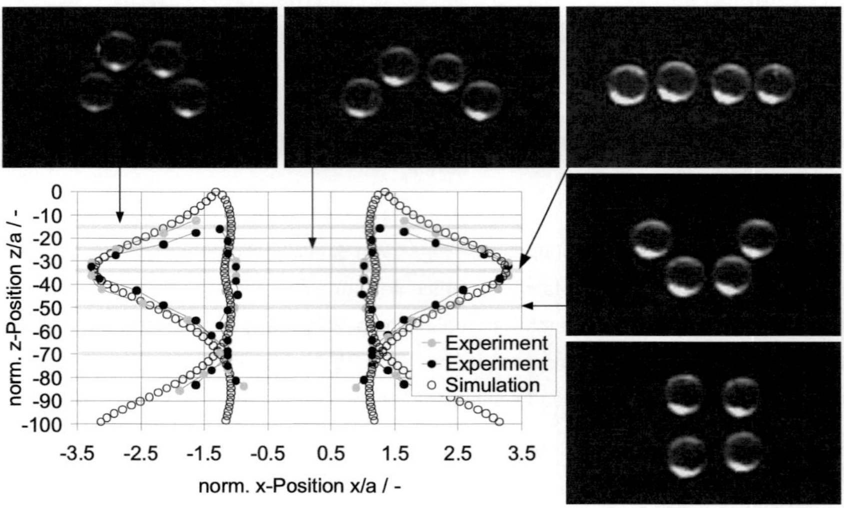

Abbildung 6.10: Sedimentationsverhalten von vier Glaskugeln in einem hochviskosen Paraffinöl mit Anfangspositionenm auf den vier Ecken eines senkrechten Quadrats mit Kantenlänge 2,67. Bilder: Fotografien der Partikel mit Konfigurationen an den grauen Linien. Diagramm: x–z–Projektion der Mittelpunkte im Vergleich zu Simulationen.

in der Anfangskonfiguration, zum Beispiel durch kurzzeitiges Verbleiben eines Partikels an dem Gitter, zu schnelles Auseinanderklappen der Zange oder durch kleine Luftblasen, die sich an die Partikeloberfläche anlagern können, die periodische Sedimentationsstruktur sehr schnell zerstört wird. Dies ist umso entscheidender, je weiter die Partikel in der Anfangskonfiguration voneinander entfernt sind. Es ist zu erkennen, dass sich kleinste Asymmetrien stärker auswirken, je mehr Perioden von den Partikeln durchfallen werden.
Man kann daraus schließen, dass je weiter die Partikel in der Anfangskonfiguration auseinander sind, desto weniger Einfluss hat das relativ starke hydrodynamische Nahfeld und desto größer ist die Auswirkung von kleinsten Störungen im Fernfeld. Je mehr Perioden durchfallen werden, desto mehr schaukeln sich diese Störungen auf und führen zu einem asymmetrischen Bewegungsverhalten.
Des Weiteren ist sowohl in den Simulationen, als auch in den Experimenten zu beobachten, dass diese Sedimentation von vier Partikeln eine vollkommen zweidimensionale Bewegung hervorruft. Das heißt, die Partikel verlassen die Ebene, in der das Anfangsquadrat lag, zu keinem Zeitpunkt. Falls jedoch kleinere Störungen auftreten, lässt sich eine Drift der kompletten Konfiguration in positive oder negative x–Richtung erkennen. Dieser kann aber unter der Annahme, dass es sich um eine symmetrische Bewegung um die Mittelachse der Anfangskonfiguration handelt, korrigiert werden.
Bei Faserkonfigurationen hat eine kleine Störung jedoch wesentlich größeren Einfluss. Aber auch hierbei lässt sich die Herkunft der Drift durch die Simulationen, wie im übernächsten Abschnitt beschrieben, zeigen.

Sedimentation sich berührender Partikel

Nachdem die Übereinstimmung von Simulation und Literaturergebnissen sowie mit Experimenten von Partikelkonfigurationen, die aus vier einzelnen Partikeln bestehen, gezeigt wurde, wird nun untersucht, wie sich einzelne Partikelcluster und Fasern, die als eine Kette aus Partikeln gebildet wurden, verhalten.
Die erste betrachtete Anfangskonfiguration besteht wieder aus vier Partikeln, von denen sich aber diesmal je zwei vor dem Loslassen bereits berühren. Es ist zu beobachten, dass diese Konfiguration während des Sedimentationsvorgangs stabil bleibt. Insbesondere haben sich die je zwei berührenden Partikel nie getrennt. Ein Vergleich zwischen Experiment (●) und Simulation (○) von zwei Fasern, bestehend aus zwei fest verbundenen Partikeln, zeigt ein identisches Sedimentationsverhalten, siehe Abbildung 6.11. Dies zeigt, dass der hydrodyna-

mische Einfluss des anderen, weiter entfernten Partikelpaares zu gering ist, um die hydrodynamischen Nahkräfte der gemeinsamen Partikelpaare zu überwinden und den Cluster zu trennen. Man erkennt auch, dass die Konfiguration weniger anfällig für Störungen ist.

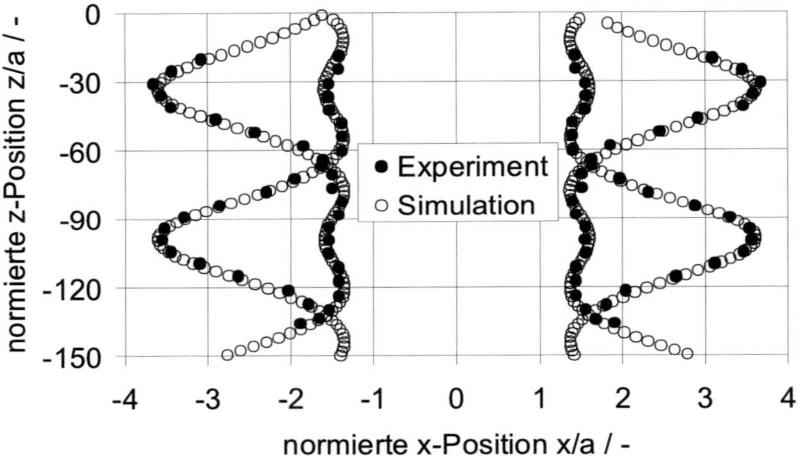

Abbildung 6.11: x–z–Projektion der Mittelpunkte von vier Partikeln. Experiment (●): In der Anfangskonfiguration berühren sich die zwei übereinanderliegenden Partikel. Simulation (○): 2 Fasern mit Aspect Ratio 2. Der jeweilige Anfangsabstand der Partikelpaare beträgt 3,25 Partikelradien.

Fasersedimentation und Driftbetrachtung

In Kapitel 3.5.3 wurde gezeigt, dass eine einzelne Faser als Kugelkette zusammengesetzt werden kann und im Hinblick auf den Widerstandsbeiwert eine hinreichend gute Approximation darstellt. Auch wurde durch Vergleich der Bewegungsbahnen zweier Ellipsen mit denen zweier Fasern eine hinreichend gute Übereinstimmung erzielt, Kapitel 6.1.2. Als dritter Schritt fehlt noch eine experimentelle Validierung. Dazu werden im Folgenden Ergebnisse gezeigt, die mit je zwei, aus drei Kugeln zusammengeklebten Ketten, durchgeführt wurden. In der Anfangskonfiguration befinden sich die Fasern parallel zur Erdbeschleunigung und sind an der obersten Kugel zwischen den beiden Gittern der Zange gehalten. Sie werden so möglichst gleichzeitig ins Fluid gelassen.

Die Auswertung der Bewegungsbahnen zeigt auch hier wieder eine gute Übereinstimmung zwischen Experiment (●) und Simulation (○), Abbildung 6.12. Allerdings ist zu bemerken,

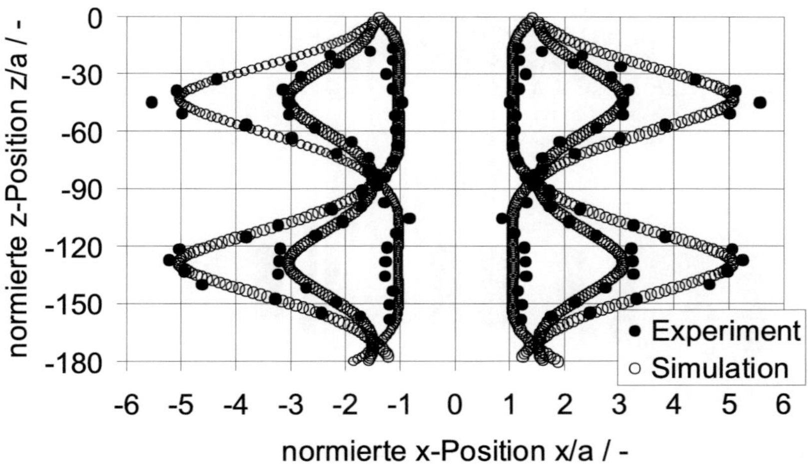

Abbildung 6.12: x–z–Projektion der Mittelpunkte von sechs Partikeln, bei denen jeweils drei zu einer Faser verklebt sind. Der Anfangsabstand beträgt 3. Experiment: (●); Simulation: (○).

dass bei solchen Experimenten kleine Störungen in der Anfangskonfiguration, wie ein kurzes Verbleiben am Gitter oder das Kippen einer Faser, sehr starke Auswirkungen auf den Sedimentationsverlauf zeigen. So kommt es teilweise zu einer signifikanten seitwärtigen Drift der gesamten Konfiguration. Es zeigte sich, dass auch bei voranschreitender Sedimentation die Faserkonfiguration instabiles Verhalten zeigte, wie es auch bei den Partikeln der Fall war.

Um Auswirkungen einer solchen Störung auf eine Fasersedimentation genauer zu untersuchen, seien im Folgenden zwei Simulationsbeispiele der in den Experimenten am häufigsten zu beobachtenden Störfälle gegeben. Abbildung 6.13 zeigt dazu wie sich zwei Fasern mit Aspect Ratio 3 verhalten, die als Ausgangskonfiguration zwar parallel aber mit einem Versatz in z–Richtung liegen (links) oder auch nicht parallel sind, sondern um einen Winkel gekippt (rechts).

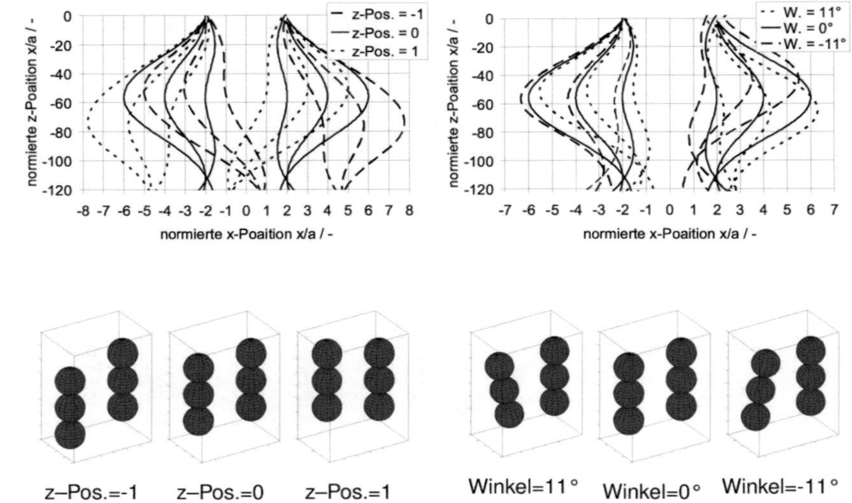

Abbildung 6.13: x–z–Projektion der Mittelpunkte von sechs Partikeln, bei denen jeweils drei zu einer Faser verbunden sind. Der Anfangsabstand der Faserschwerpunkte beträgt 3 Partikelradien. Links: Eine Faser ist in z–Richtung verschoben. Rechts: Eine Faser ist in der x–z–Ebene gekippt. Unten: Skizzen der den Trajektorien zugehörigen Anfangskonfigurationen.

Wie bereits mehrfach beschrieben, zeigen Fasern, die in einer symmetrischen Anfangskonfiguration starten, eine periodische und symmetrische Bewegung, Abbildung 6.13 (—) und Kapitel 6.1.2. Wenn aber eine positive oder negative Verschiebung einer Faser hier um einen Radius in z–Richtung nach oben oder unten vorliegt, entsteht eine Drift in Richtung der positiven oder negativen x–Richtung, Abbildung 6.13, links (- -). Ein Kippen einer Faser um einen Winkel von ungefähr plus oder minus elf Grad bewirkt ebenfalls eine Drift. Allerdings ist diese nicht mehr symmetrisch bezüglich des Winkels, Abbildung 6.13, rechts. Durch Kombination der Parameter ist man schließlich in der Lage, jede beliebige Drift bei einer Konfiguration aus zwei Fasern zu erhalten.

Durch diese Vergleiche zwischen Experimenten und Simulationen wurde gezeigt, dass die Simulationen für interagierende Kugelketten ebenfalls mit realen Beobachtungen übereinstimmen. Des Weiteren konnte der Einfluss von kleinen Asymmetrien aus den Anfangskonfigurationen auf die Trajektorien erklärt werden.

Langzeitverhalten von Partikelkonfigurationen

Ein letzter offener Punkt bei den Untersuchungen spezieller Teilchenkonfigurationen ist deren Langzeitverhalten. Dabei wird der Fragestellung nachgegangen, wie lange eine symmetrische Bewegung stabil bleibt.

So konnte schon in den Experimenten beobachtet werden, dass die periodische Bewegung der Partikel durch kleine Fehler in der Ausgangskonfiguration oder durch kleine Störungen während der Bewegung einen großen Einfluss auf das darauf folgende Sedimentationsverhalten zeigt. Dieser ist umso größer, je weiter die Partikel auseinander sind. In den Experimenten konnten leider nur ein bis zwei Perioden beobachtet werden. Dies lag zum einen an der geringen Sedimentationsstrecke, zum anderen ist die Möglichkeit, die Partikel vollkommen störungsfrei in das Fluid abzugeben, stark limitiert. In den Simulationen könnten dagegen viele Perioden mit fast beliebiger Genauigkeit berechnet werden. Allerdings bedingen dabei numerische Fehler, dass die periodische Bewegung nach einer gewissen Periodenanzahl ebenfalls beendet ist. Quellen für diese Fehler sind neben der Rechengenauigkeit der Computer die Fehler, die durch das Integrationsverfahren zur Berechnung der Bewegungsgleichungen gemacht werden und die Genauigkeiten in der Lösung durch das CG–Verfahren. Grundsätzliche Fehler bei der Modellentwicklung, wie die Multipolentwicklung, werden hier nicht mehr betrachtet.

Der numerische Fehler durch den Zeitschritt des Integrationsverfahrens wurde schon in Abbildung 4.1 thematisiert. So ist je nach Verfahren ein hinreichend kleiner Zeitschritt zu wählen. Wenn dieser aber hinreichend klein ist, kann als weiterer Punkt das Abbruchkriterium des CG–Verfahrens zur Berechnung der hydrodynamischen Kräfte, Abbildung 6.14, betrachtet werden. Dieses ist darüber definiert, dass die Norm des Residuums eine vorgebene Schranke unterschreiten muss. Hier zeigt sich ein erstaunlich großer Einfluss. Besonders hervorzuheben ist, dass bei einer schon sehr kleinen Schranke von 10^{-14} durch Verringerung dieser immer noch eine signifikante Erhöhung der Zahl der stabil berechneten Perioden erzielt werden kann. Es ist auch zu bemerken, dass das CG–Verfahren nur den Fernfeld-

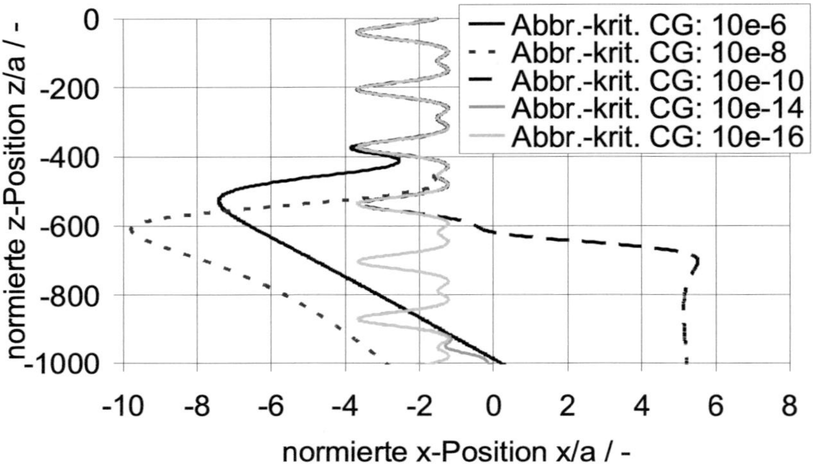

Abbildung 6.14: x–z–Projektion eines Partikels von einer symmetrischen Anfangskonfiguration von vier Partikeln. Periodenzahl in Abhängigkeit der Genauigkeit im CG–Verfahren. Zeitschrittverfahren: EE1 mit 1e-4, Kapitel 4.1.

einfluss berechnet. Damit kann man vermuten, dass Störungen im Fernfeld für das Ausbrechen aus der periodischen Bewegung verantwortlich sind. Man erkennt auch, dass die ersten Perioden noch keine bemerkbaren Fehler aufweisen. Daher ist davon auszugehen, dass bei Sedimentationsprozessen, an denen eine große Anzahl an Partikeln beteiligt sind, die Wechselwirkungen innerhalb kürzerer Zeitintervalle schwanken und so diese Fehler nicht ins Gewicht fallen.

6.1.4 Fasern und Partikel

Simulationsspezifikationen

Nachdem in den vorhergehenden Abschnitten die Übereinstimmung der Simulationen mit Hilfe der Stokesian Dynamics mit Ergebnissen aus der Literatur und weiterführenden Experimenten für spezielle Partikelkonfigurationen gezeigt, sowie die Betrachtungen der Partikelbewegungen auf das Langzeitverhalten ausgeweitet wurden, wird im Folgenden das Sedimentationsverhalten von Faser–Partikel–Suspensionen betrachtet.

Ziel ist die Untersuchung der Auswirkungen von Faserlänge sowie dem Anteil– und Dichteverhältnis von Fasern zu Partikeln auf das Separationsverhalten einer beliebigen Faser–Partikel–Suspension bei Sedimentation. Wie Abbildung 6.15 schematisch zeigt, handelt es sich bei den Simulationen um eine von Randeffekten ungestörte Sedimentation im Außenraum, deren Trenngüte in Abhängigkeit der Zeit beurteilt werden wird. Diese Trenngüte ist dadurch definiert, dass nach einer gewissen Sedimentationszeit eine virtuelle Trennlinie bei einer z–Position durch die Suspension gelegt werden kann und man dadurch zwei Suspensionen erhält, bei denen sich in der einen ein erhöhter Anteil an Fasern und in der anderen ein erhöhter Anteil an Partikeln befindet. Als Beispiel bedeutet eine Reinheit von 90%, dass man eine Suspension erhält, deren Feststoff aus 90% Fasern und 10% Partikeln besteht, sowie eine Suspension, aus 90% Partikeln und 10% Fasern.

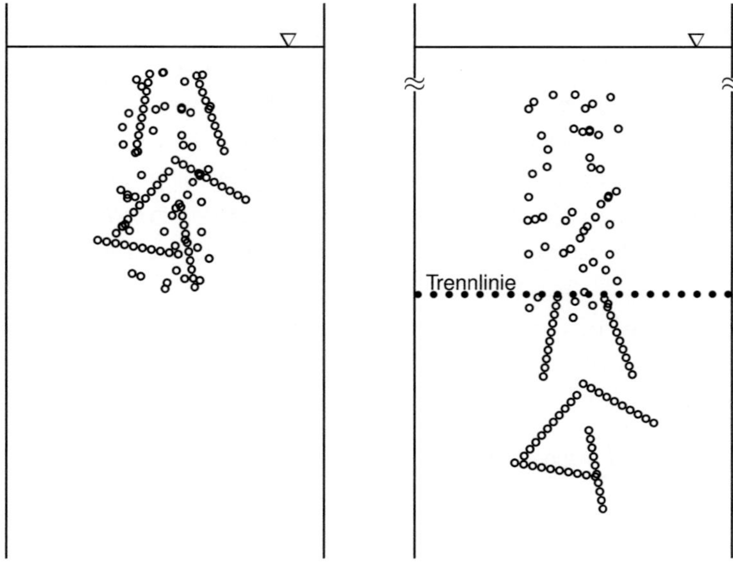

Abbildung 6.15: Schematischer Verlauf eines Trennvorgangs.

In allen hier betrachteten Fällen werden die Daten für die Partikel nicht verändert. Die Dicke einer Faser entspricht jeweils dem Partikeldurchmesser. Die Simulationen werden dann unter

Variation des Aspect Ratios durch Verlängern und Verkürzen der Fasern und unter Variation der spezifischen Dichte der Fasern durchgeführt. Die Dichte der Partikel bleibt jeweils konstant, so dass sich durch Änderung der Fasern das spezifische Dichteverhältnis beliebig variieren lässt. Für das Sedimentationsmedium werden die Stoffwerte von destilliertem Wasser (Dichte: ca. 1000 kg/m^3, Viskosität: 0,001 Pa s) zu Grunde gelegt, die Partikel haben eine zu $CaCO_3$, Kaolin oder SiO_2 vergleichbare Dichte von 2500 kg/m^3.
Die Suspensionen bestehen jeweils aus 600 Partikeln und Fasern, die insgesamt aus weiteren 600 Partikeln aufgebaut sind. Dies entspricht zunächst einem Faser– zu Partikelanteil von 1:1, damit ist die Hälfte des Feststoffvolumens Fasern, das heißt 50 Fa%. Dadurch ist gewährleistet, dass die Volumenkonzentration des Feststoffs konstant gehalten wird. Für die normalisierte z–Koordinate der Teilchen in der Anfangskonfiguration gilt z$\in$ $[0, 600]$ und für die normalisierten x–, y–Koordinaten gilt x, y $\in$ $[0, 60]$. Bezogen auf dieses Startvolumen entspricht dies einer anfänglichen Volumenkonzentration von 0,2 V%.
Ein repräsentatives Sedimentationsverhalten einer Faser–Partikel–Suspension ist dazu in Abbildung 6.16 dargestellt. Man erkennt deutlich, wie sich mit voranschreitender Zeit die Fasern an der Sedimentationsfront gruppieren. Es bleiben aber immer noch ein paar Fasern zurück, genauso wie auch Partikel mit den Fasern an die Front mitgerissen werden.
Eine Zusammenfassung der Spezifikationen für die Simulationen unter Variation des Aspect Ratios und des Dichteverhältnisses sind in den Tabellen 6.2 sowie 6.3 zu finden. Zusätzlich

Tabelle 6.2: Spezifikationen der Simulationsversuche bei Variation des Aspect Ratios. Die vertikale und horizontale Geschwindigkeit einer Faser ($V_{||}$, $V_{\perp}$) im Außenraumgebiet ist mit Formel (2.2.5) berechnet.

Aspect Ratio	Fasern	Partikel	$V_{\|\|}$	$V_{\perp}$
6	100	600	3,78	3,01
10	60	600	4,92	3,59
14	43	600	5,68	3,97

ist die minimale Sedimentationsgeschwindigkeit einer horizontal orientierten Einzelfaser $V_{\perp}$, beziehungsweise die maximale einer vertikal orientierten Einzelfaser $V_{||}$ berechnet aus Formel (2.2.5) angegeben. Alle Werte sind jeweils mit den entsprechenden Werten für einen

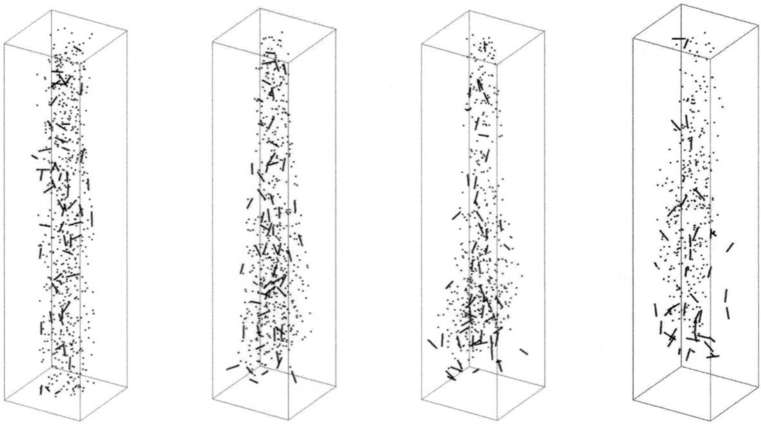

(a) time = 0 (b) time = 10 (c) time = 20 (d) time = 40

Abbildung 6.16: Darstellungen einer Faser–Partikel–Suspension bei voranschreitenden Zeitschritten.

Tabelle 6.3: Spezifikationen der Simulationsversuche bei Variation des Dichteverhältnisses. Die vertikale $V_{||}$ und horizontale $V_{\perp}$ Geschwindigkeit einer Faser im Außenraumgebiet ist mit Formel (2.2.5) berechnet.

Länge	Anzahl	Dichteverhält.	Dichteverhält. Auftrieb	$V_{\|\|}$	$V_{\perp}$
10	600	2,0	2,67	13,13	9,57
10	600	4/3	1,56	7,66	5,58
10	600	1,0	1,0	4,92	3,59
10	600	6/10	0,44	2,19	1,59
10	600	1/2	0,17	0,820	0,59
10	600	0,4	Faser kräftefrei	0	0

Partikel entdimensioniert. So ist auch hier ein dimensionsloser Zeitschritt von eins als der Zeitraum zu sehen, in dem ein einzelner ungestörter Partikel eine Strecke von einmal seinem Radius sedimentiert. Das Dichteverhältnis Auftrieb ist dabei wie folgt definiert,

$$\text{Dichteverhältnis Auftrieb} := \frac{\rho^{\text{Fa}} - \rho^{\text{F}}}{\rho^{\text{P}} - \rho^{\text{F}}}.$$

Zur Erinnerung: die Dichte des Fluids ist als 1000 kg/m^3 und die Dichte der Partikel als 2500 kg/m^3 angenommen.
Alle Simulationen wurde dabei jeweils mit vier verschiedenen und zufällig verteilten Anfangskonfigurationen durchgeführt. Die Ergebnisse zeigen schließlich die aus diesen vier Rechnungen gebildeten Mittelwerte. Aus Tabelle 6.3 ist ersichtlich, dass besonders bei kleinen Dichteverhältnissen, das heißt bei leichten Fasern, das Dichteverhältnis Auftrieb zwischen Partikeln und Fasern sehr klein ist.

Geringe Variation des Dichteverhältnisses

Zunächst wird das Trennverhalten über der Höhe bei geringer Variation des Dichteverhältnisses betrachtet, siehe Tabelle 6.3. Abbildung 6.17 zeigt als Ergebnis die Anzahldichteverteilung der Sedimentationshöhe von den entsprechenden Faser–Partikel–Suspensionen. Die Verteilungen wurden jeweils nach 50 dimensionslosen Zeitschritten ausgewertet. Auf der x–Achse ist die mit einem Partikelradius normalisierte Sedimentationshöhe der Fasern und Partikel aufgetragen.
Wie erwartet, kann man nach den 50 dimensionslosen Zeitschritten deutlich erkennen, dass die Fasern mit doppelter Dichte (○ in Abbildung 6.17 links) eine mehr als doppelt so weite Strecke sedimentiert sind, wie die leichteren Fasern mit Dichteverhältnis 1 (△). Diese leichteren Fasern sind aber auch nicht von den sie umgebenden Partikeln (▲) getrennt, obwohl eine einzelne Faser in freier Sedimentation bis zu 4,92 Mal schneller ist, siehe Tabelle 6.3, als ein einzelnes Partikel. Im Gegensatz dazu konnten sich die schweren Fasern, die als Einzelfaser 13–mal schneller sedimentieren würden, von den Partikeln (●) trennen, aber wie oben erwähnt, sind sie in etwa doppelt so weit sedimentiert. Es fällt weiter auf, dass die Partikel, die sich zusammen mit den schwereren Fasern in einer Suspension befunden haben (● in Abbildung 6.17), viel schneller und weiter sedimentierten, als die Partikel in den anderen Suspensionen mit leichteren Fasern. Die Suspensionen, in denen die Fasern 1,3–mal schwerer waren, liegen beim beschriebenen Verhalten dazwischen.

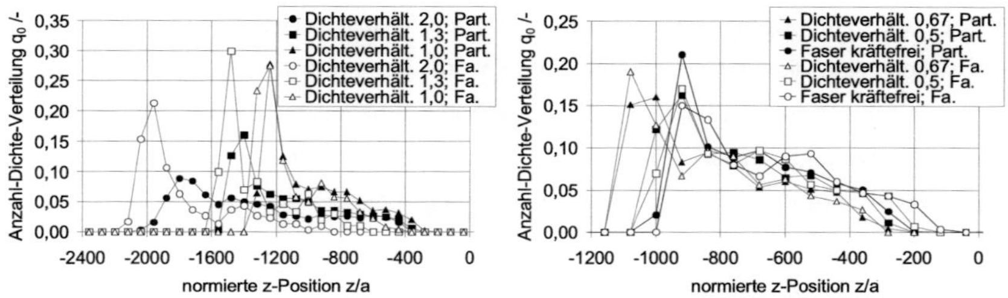

Abbildung 6.17: Anzahldichteverteilung verschiedener Faser–Partikel–Suspensionen in Abhängigkeit des Dichteverhältnisses. Konfiguration nach 50 dimensionslosen Zeitschritten. Ausgefüllte Symbole: Partikel, Leere Symbole: Fasern. Links: Dichteverhältnisse über 1,0; Rechts: Dichteverhältnisse unter 1,0 bis Faserdichte gleich Fluiddichte (Kräftefrei: $b_r = 0$) [29].

Abbildung 6.17 rechts zeigt Dichteverhältnisse unter 1 bis hin zu Faserdichten, die gleich der Fluiddichte sind (●) und (○). Diese Fasern würden ohne die Anwesendheit der Partikel gar nicht sedimentieren, da die Auftriebskraft gerade die Gewichtskraft aufhebt. In einer Faser–Partikel–Suspension werden sie allerdings von den sedimentierenden Partikeln mitgeschleppt. Dabei kann man erkennen, dass sich die Höhenverteilung nur ein wenig von denen mit etwas dichteren Fasern unterscheidet (■), (□), obwohl die Fasern eine Geschwindigkeit von 0,81–mal der Partikelgeschwindigkeit aufweisen. Faser–Partikel–Suspensionen aus Fasern mit einem Dichteverhältnis von 0,67 (▲), (△) liegen von der Sedimentationsstrecke des Feststoffs zwischen denen mit Dichteverhältnis 1 und 0,5, zeigen aber wie bei allen Dichteverhältnissen kleiner oder gleich 1 keine Trennung. Insgesamt ist somit davon auszugehen, dass während des Sedimentationsprozesses die schwereren Fasern durch hydrodynamische Kontakte mit langsameren Partikeln sehr stark abgebremst werden. Diese Kontakte bedingen auch den besonders gut zu erkennenden Mitnahmeeffekt von Partikeln (● links) durch die schwereren Fasern (○ links) im Vergleich zu den Partikeln in den anderen Suspensionen (▲ links), (■ links). Leichte oder sogar auftreibs–neutrale Fasern (○ rechts) werden im Gegensatz dazu durch die sedimentierenden Partikel (● rechts) beschleunigt und sedimentieren mit diesen schneller ab .

Dies zeigt bereits allgemein, dass Fasern während der Sedimentation Cluster bilden. Diese können nur schwer von Partikeln durchdrungen werden. Dadurch bedingt sedimentieren

Partikel langsamer, wenn die sie umgebenden Fasern leicht sind, und sie sedimentieren um einiges schneller, wenn die sie umgebenden Fasern schwer sind. Aber dennoch können sich die spezifisch schwereren Fasern, sofern das Dichteverhältnis nur groß genug ist, durchaus von den Partikeln separieren. Eine genauere Untersuchung zu diesem Separationsverhalten folgt durch weitere Variation des Dichteverhältnisses in Abschnitt 6.1.4.

Variation des Aspect Ratios

Simulationen der Sedimentation von Faser–Partikel–Suspensionen, die unter Variation des Aspect Ratios bei konstantem Dichteverhältnis von eins durchgeführt wurden (Tabelle 6.2) zeigen einen weiteren Aspekt der Faser–Partikel–Sedimentation, siehe Abbildung 6.18. Bei

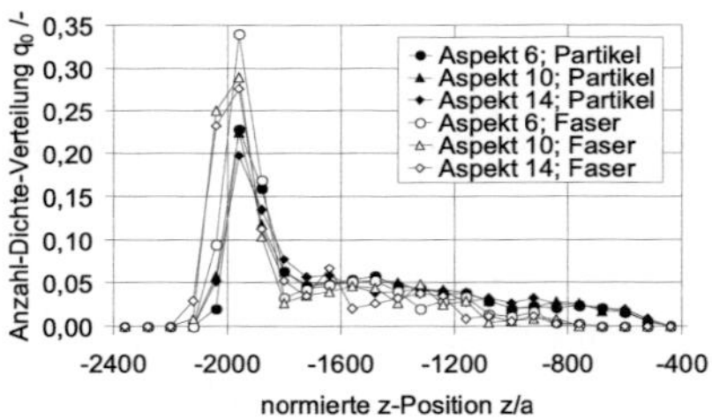

(a) 100 entdimensionierte Zeitschritte

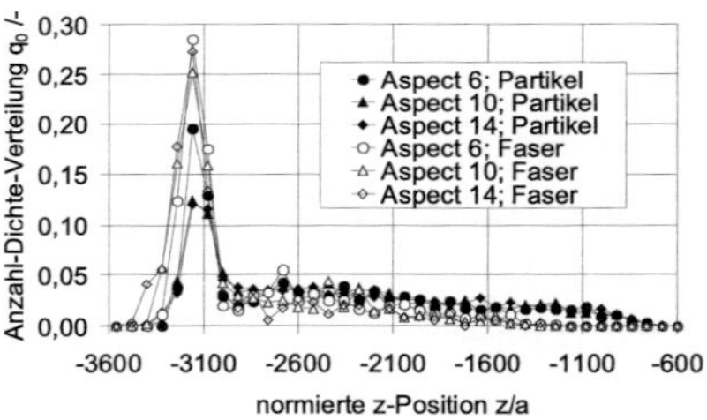

(b) 200 entdimensionierte Zeitschritte

Abbildung 6.18: Anzahldichteverteilungen von Faser–Partikel–Suspensionen in Abhängigkeit des Aspect Ratios der Fasern [29]. Ausgefüllte Symbole: Partikel, Leere Symbole: Fasern.

diesen Simulationen wurden ebenfalls 600 Partikel und eine Anzahl an Fasern, die aus 600 Partikeln zusammengesetzt wurden, simuliert (vgl. Tabelle 6.2), so dass auch hier eine Konstanz der Volumenkonzentration gewährleistet war. Die Startkonfiguration der Teilchen ist wiederum gleichverteilt und die Volumenkonzentration beträgt 0,2 Prozent.
Selbst nach 100 dimensionslosen Zeitschritten – in Abbildung 6.17 wurden nur 50 betrachtet und teilweise schon eine Trennung erkannt – sind die Fasern nur in sehr geringem Maße in der Lage, sich von den Partikeln zu trennen, Abbildung 6.18(a). Dies gilt sogar unabhängig vom Aspect Ratio. Fasern mit einem Aspect Ratio von 14 (◇) anstelle von 6 (○), die, wenn

sie ungestört sedimentieren würden, bis um den Faktor 1,8 schneller sedimentieren könnten, Tabelle 6.2, sedimentieren nicht schneller und entfernen sich auch nicht signifikant von den Partikeln. Dies ist durch die zunehmende Behinderung bei zunehmender Länge bedingt. Der Vorteil der Geschwindigkeitszunahme durch Verlängerung der Fasern ist demnach geringer als die Zunahme der gegenseitigen Behinderungen während der Sedimentation und wird vollkommen kompensiert. Bei den Fasern der Länge 6 hingegen ist die Sedimentationsgeschwindigkeit der Einzelfaser von 3,28 im Maximum für eine signifikante Separation zu gering.

Selbst nach 200 Zeitschritten, siehe Abbildung 6.18 (b), haben sich weder die Fasern mit einem größeren Aspect Ratio (◇) noch die mit kleinem von den Partikeln getrennt. Zumindest aber gilt für alle Suspensionen, dass sich eine etwas höhere Faser–Konzentration und weniger Partikel an der Sedimentationsfront befindet. Man kann allerdings noch von keiner Trennung sprechen. Die Partikel sind bei allen drei Aspect Ratios der Fasern in der betrachteten Zeitspanne gleich weit sedimentiert und somit auch gleich weit von den Fasern mitgeschleppt.

Zusammenfassend ist festzuhalten, dass sich Fasern und Partikel nur bedingt trennen lassen. Längere Fasern sind dabei wesentlich größeren Behinderungen ausgesetzt, die die Geschwindigkeitszunahme kompensieren. Eine Trennung wird dabei weitestgehend unterbunden. Bei kürzeren Fasern ist die Differenzgeschwindigkeit zu den Partikeln nicht groß genug, als dass sie sich trotz geringerer Länge und weniger Behinderungen trennen lassen. Lediglich spezifisch schwerere Fasern sind in der Lage, von den Partikeln wegzusedimentieren und sich an der Sedimentationsfront anzureichern.

Separationsverhalten für spezifisch schwere Fasern

Im vorherigen Kapitel wurde gezeigt, dass wenn Fasern durch Sedimentation von den sie umgebenden Partikeln getrennt werden sollen, diese spezifisch schwerer sein müssen. Diese Beobachtung wird im folgenden Kapitel näher untersucht. Des Weiteren wird die Fragestellung geklärt, wie sich das Faser–Partikel Verhältnis auf die Separationseigenschaft einer Suspension auswirkt.

In den folgenden Simulationen haben die Fasern jeweils eine Länge von 10 Partikeln und die Volumenkonzentration ist konstant gehalten. Deren Dichte variiert vom zwei– bis zehnfachen der Dichte der Partikel. Der Faseranteil variiert in fünf Stufen von 25 Fa% bis 75 Fa%. Eine

Aufstellung der vollständigen Spezifikationen für die Simulationen ist Tabelle 6.4 zu entnehmen.

Tabelle 6.4: Spezifikationen der Simulationsversuche bei Faserdichte– und Faseranteil–Variation. Der Aspect Ratio ist jeweils 10.

Faseranteil %	Dichteverhältnis	Anzahl Fasern	Anzahl Partikel
25	2,3,4,5,6,8,10	90	300
40	2,3,4,5,6,8,10	72	480
50	2,3,4,5,6,8,10	60	600
60	2,3,4,5,6,8,10	48	720
75	2,3,4,5,6,8,10	30	900

(a) Verwendete Parameter

Dichteverhältnis	$V_{\|\|}$	$V_{\perp}$	Dichteverhältnis	$V_{\|\|}$	$V_{\perp}$
2	13,13	9,57	6	45,96	33,48
3	21,34	15,55	8	62,38	45,44
4	29,55	21,52	10	78,79	57,40
5	37,76	27,50			

(b) Einzelfaser Geschwindigkeiten

Alle Simulationen wurden, wie schon die vorherigen, jeweils vier Mal mit verschiedenen und zufällig verteilten Anfangszuständen durchgeführt und anschließend der Mittelwert gebildet. Es werden aber diesmal keine definierten Zeitschritte und deren Höhenverteilung betrachtet, sondern die Simulationszeit und auch Sedimentationsstrecke bestimmt, nach der eine bestimmte Reinheit erreicht und damit das erste mal eine Trennung der Suspension möglich ist, siehe Abbildung 6.15.

Abbildung 6.19 zeigt den Trennverlauf von Suspensionen, deren Feststoffvolumen zur Hälfte und zu drei Viertel aus Fasern besteht. Unter Variation des Dichteverhältnisses zwischen Fasern und Partikeln ist die Qualität der Trennung zu sehen. Die x–Achse zeigt das Dichteverhältnis, die y–Achse den normierten Zeitschritt, an dem die entsprechende Trennung das erste Mal erreicht ist. Die einzelnen Kurven stehen jeweils für einen unterschiedlichen Trenngrad.

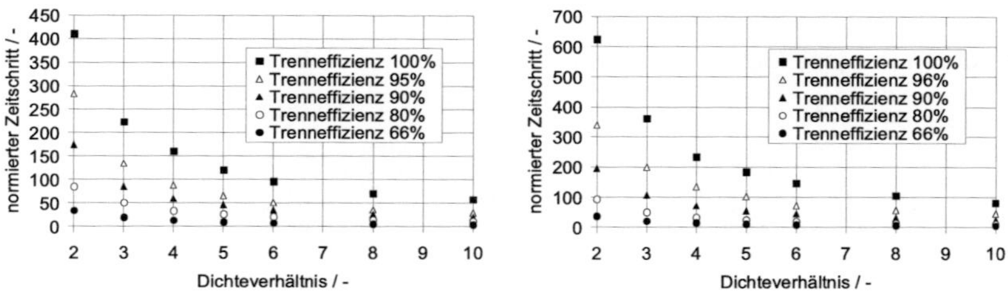

Abbildung 6.19: Ergebnisse von Sedimentationssimulationen in Abhängigkeit des Dichteverhältnisses der Fasern. Links: Faseranteil 50%, Rechts: Faseranteil 75%.

Es fällt auf, dass bei einem hohen Dichteverhältnis relativ schnell eine vollständige Trennung zu erkennen ist. So erreicht man bei einem Dichteverhältnis größer 6 eine Reinheit von 100 Prozent (■) für alle Suspensionen schon nach mindestens 100 dimensionslosen Zeitschritten, unabhängig vom Faseranteil. Bei kleineren Dichteverhältnissen steigt dieser Zeitpunkt potentiell an. So ist davon auszugehen, dass bei noch kleineren Dichteverhältnissen keine Trennung in sinnvoller Zeit durch Sedimentation im Stokes–Bereich erreicht werden kann. Wenn aber keine vollständige Trennung benötigt wird, sondern zum Beispiel eine 80%ige Trennung ausreicht (○), kann diese auch bei einem Dichteverhältnis von zwei relativ schnell und nach weniger als 100 normierten Zeitschritten erreicht werden. Für die vollständige Trennung benötigt man dann aber noch mehr als die vierfache Zeit.

Diese Beobachtungen sind darauf zurückzuführen, dass die schweren Fasern sehr schnell durch die Partikel sedimentieren und sich befreien können. Sie sedimentieren dabei allerdings auch eine wesentlich weitere Strecke, so dass sich die Suspension schneller aufweitet. Bei den geringen Dichteverhältnissen sind die Differenzgeschwindigkeiten geringer. Die Fasern und Partikel sind länger zusammen. Die extrem lange Zeit für eine vollständige Trennung ist dadurch bedingt, dass sich ein paar wenige Partikel in den Faserclustern so verfangen, dass sie weit mitgezogen werden und sich nur sehr langsam befreien können. Weil es nur wenige Partikel sind, ist auch eine 80% Reinheit schnell erreicht.

Dadurch bedingt ist die Trennung auch besser je weniger Fasern sich in der Suspension befinden. Dies zeigen Abbildungen 6.20 und 6.21, jeweils links. In diesen Abbildungen ist die Zeit und die sedimentierte Strecke, die für eine 100%ige und 80%ige Trennung benötigt wird über dem Faserverhältnis in der Suspension aufgetragen. Die einzelnen Kurven beziehen sich auf verschiedene Dichteverhältnisse.

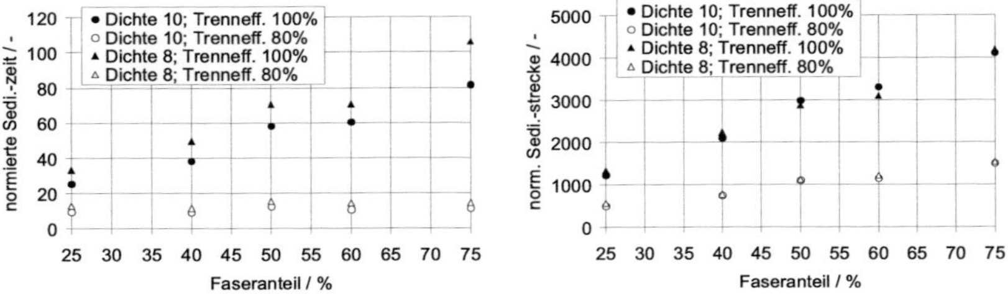

Abbildung 6.20: Simulationen des Separationsverhaltens von Suspensionen mit Variation des Faser– zu Partikelanteil von 25% bis 75% und der Dichteverhältnisse 8 und 10. Auftragung links: Normierter Zeitschritt über Faseranteil, Auftragung rechts: Normierte Sedimentationshöhe über Faseranteil.

Bei einer vollständigen Trennung ist insgesamt ein linearer Anstieg in der benötigten Sedimentationszeit unabhängig vom Dichteverhältniss zu beobachten (▲), (●) rechts. Allerdings ist zwischen den Faseranteilen von 50 Fa% und 60 Fa% für Dichteverhältnisse größer 4 ein Plateau zu erkennen, so dass für diese Suspensionen identische Trenneigenschaften angenommen werden können.

Im Gegensatz zu der vollständigen Trennung ist die 80%ige Trennung unabhängig von den Faseranteilen nach nahezu gleicher Zeit erreicht (leere Symbole). Dies zeigt, Fasern ziehen zwar Partikel mit sich, aber eine unvollständige Separation kann unabhängig vom Faseranteil erreicht werden. Diese ist im Fall von hohen Faseranteilen von 75 Fa% dadurch begründet, dass sich die Fasern nach gewisser Zeit an der Sedimentationsfront befinden, zwar Partikel mitgenommen haben, aber auf Grund der hohen Anfangsreinheit bereits zu Beginn schon relativ rein vorliegen. Im Fall eines niedrigen Faseranteils von 25 Fa% bilden die Fasern keine so großen Cluster und sedimentieren durch die Suspension. Sie schleppen nicht so viele Partikel mit sich und können sich daher an der Sedimentationsfront anreichern und dort ebenfalls ein Bereich hoher Faserkonzentration bilden.

Betrachtet man nicht die Sedimentationszeit, sondern die Sedimentationshöhe, an der eine bestimmte Trennung möglich ist, in Abhängigkeit des Faseranteils, Abbildungen 6.20 und

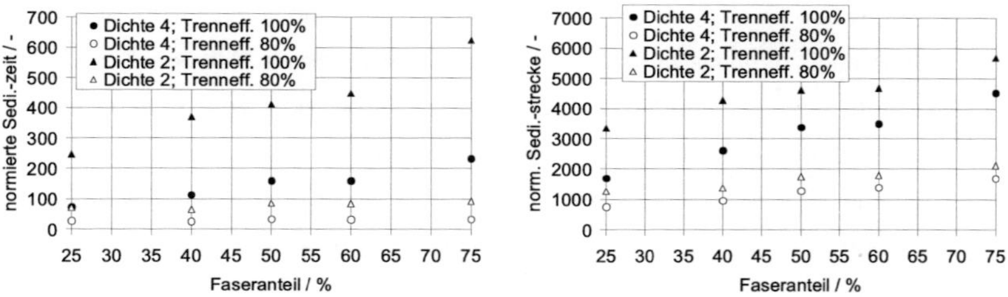

Abbildung 6.21: Simulationen des Separationsverhaltens von Suspensionen mit Variation des Faser– zu Partikelanteil von 25% bis 75% und der Dichteverhältnisse 2 und 4. Auftragung links: Normierter Zeitschritt über Faseranteil, Auftragung rechts: Normierte Sedimentationshöhe über Faseranteil.

6.21, jeweils rechts, ergeben sich ebenfalls interessante Erkenntnisse. So kann man bei Variation der Dichteverhältnisse von 2 auf 4 erkennen, dass, obwohl die Differenzen der Sedimentationszeiten bei höheren Faseranteilen größer werden, sich die Sedimentationsstecken eher annähern. Dies zeigt nochmals, dass die Partikel die Fasern ausbremsen und schwere Fasern die Partikel eine längere Strecke in kürzerer Zeit mit sich ziehen, bevor es zu einer Trennung kommt.
Betrachtet man hohe Dichteverhältnisse von 8 und 10, so ist zu erkennen, dass die Sedimentationsstrecken zwar nahezu linear abhängig von den Faseranteilen aber unabhängig von den beiden Dichteverhältnissen identisch sind. Dies zeigt, dass die Sedimentationsstrecken und nicht die Sedimentationszeit das entscheidende Kriterium für die gewünschte Trennqualität bei spezifisch schweren Fasern sind.

6.1.5 Zusammenfassung Simulation

Zusammenfassend sind die Simulationsergebnisse von ausgewählten Konfigurationen mit Experimenten sowohl qualitativ als auch quantitativ vergleichbar. Es wurde gezeigt, dass die Partikelkonfigurationen umso stabiler sind, je näher sich die einzelnen Partikel beieinander befinden. Da auf Grund der Partikelgröße andere als die hydrodynamischen Effekte nahezu auszuschließen sind, kann man verallgemeinern, dass sobald ein Partikelcluster gebildet wurde, es sehr schwer sein wird, diesen im laminaren Strömungsbereich wieder aufzubrechen. Dies ist, sofern es sich um Cluster gleicher Teilchen handelt, positiv für eine Abtrennung und Separation, denn sie werden auch immer schneller als ein kleineres Einzelteilchen absedimentieren. Aus gleichem Grund ist es für eine Separation jedoch nachteilig, wenn sich in Clustern andere und ungewollte Partikel befinden. Für einen realen Trennapparat kann dies allerdings auch bedeuten, dass man es, falls Fasern und Partikel gemeinsam in einer Suspension vorliegen, möglichst in einer instationären bzw. turbulenten Zone schaffen sollte, reine Cluster zu erzeugen, die dann in einer beruhigten und damit laminaren Zone schneller absedimentieren und getrennt bleiben. Dies ist umso wichtiger, wenn sich Fasern in der Suspension befinden, die eine ähnliche Geschwindigkeit wie die Partikel haben. Denn je ähnlicher eine Fasergeschwindigkeit der Partikelgeschwindigkeit wird, desto schwieriger ist es für die Fasern, sich von den Partikeln zu entfernen und eine partikelfreie Suspension zu bilden. Darüberhinaus führt ein höherer Faseranteil zu einer vermehrten Clusterbildung, die Partikel werden eingeschlossen oder mit den Clustern mitgezogen, so dass eine Trennung erschwert ist. Ist jedoch die Geschwindigkeitsdifferenz zwischen Fasern und Partikeln hoch genug, ist die Sedimentationsstrecke, die für eine Trennung zur Verfügung steht, der entscheidende Parameter für eine gute Separation.

Kapitel 7

Experimentelle Ergebnisse

Zur Vervollständigung der Untersuchungen über das Sedimentationsverhalten von Faser–Partikel–Suspensionen sind neben den Simulationen, deren Ergebnisse in den vorherigen Kapiteln dargestellt wurden, grundlegende experimentelle Untersuchungen von entscheidender Bedeutung. Dazu werden zunächst Suspensionen aus definierten Fasern und hinreichend monodispersen Partikeln hergestellt. Die dafür verwendeten Materialien sind in Abschnitt 5.1.2 beschrieben. Mit diesen Suspensionen werden gezielt die Einflüsse von Parametern wie Faserlänge, Faser–Partikel–Verhältnis, Konzentration und Sedimentationsmedium auf das Sedimentationsverhalten der Suspensionen studiert. Die Ergebnisse aus diesen Grundlagenuntersuchungen dienen dann zur Erklärung des Verhaltens, das die industriellen und weniger definierten Papiersuspensionen, siehe Kapitel 5.1.1, in den Experimenten zeigen. Abschließend werden die Beobachtungen im Hinblick auf das Trennverhalten der Suspensionen in einer Aufstromklassierung beurteilt.

7.1 Definierte, monodisperse Partikelsysteme

7.1.1 Fasern in Paraffinöl

Begonnen wird zunächst mit Ergebnissen aus Sedimentationsuntersuchungen von Fasern in Paraffinöl, siehe Tabelle 5.4, einem relativ hochviskosen Medium, die in der Sedimentationswaage durchgeführt wurden. Die Variationsparameter waren die Faserlänge und die

Feststoffkonzentration. Erst wird auf die in Kapitel 5.2.1 vorgestellte Erweiterung zur Messdatenauswertung mit Hilfe eines Zeitshifts eingegangen. Dabei werden kurz die mittleren Sinkgeschwindigkeiten $v_{x_{50}}$ in Bezug auf die modifizierte Konzentrationsdefinition beurteilt. Die Diskussion der vollständigen Sinkgeschwindigkeitsverteilungen und der Einfluss des Sedimentationsmediums folgt anschließend.

Erweiterung der Theorie der Sedimentationswaage

In Kapitel 5.2.1 wurden die Annahmen für die Theorie zur Auswertung der Daten einer Sedimentationswaage auch für sich destabilisierende Suspensionen erweitert. Abbildung 7.1 zeigt beispielhaft einen Vergleich dieser Auswertemethoden, für die mittleren Fasern mit einer Konzentration von 0,25 V%. Eine Anwendung der erweiterten Auswertemethode un-

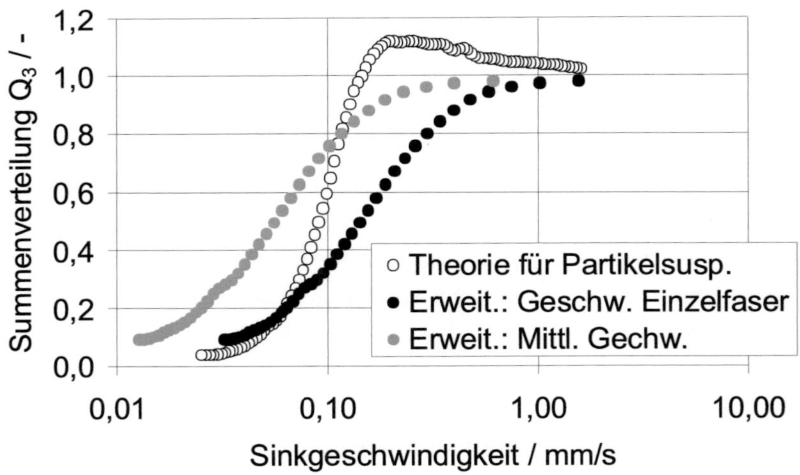

Abbildung 7.1: Sinkgeschwindigkeitsverteilungen einer Faser–Suspension der mittleren Fasern. Vergleich der Auswertungen: Originalmethode (○), und Erweiterung mit Einzelfasergeschwindigkeit als $v_{x_{50}}$ (●) und mittlerer Geschwindigkeit der ursprünglichen Verteilung (●) als $v_{x_{50}}$.

ter Verwendung der Sedimentationsgeschwindigkeit einer Einzelfaser (2.2.5) als $v_{x_{50}}$–Wert führt erwartungsgemäß zu einer etwas schnelleren mittleren Sinkgeschwindigkeit und einer breiteren Verteilung, (●). Des Weiteren sind die Maxima bei der mittleren Sinkgeschwindigkeit in Abhängigkeit der Konzentration noch stärker ausgeprägt, siehe Abbildung 7.2 (○). Dies liegt daran, das man zuvor davon ausgeht, dass die Clusterbildung abgeschlossen ist. Die schnellere Geschwindigkeit wird durch die schnell sedimentierenden Cluster bedingt. Die breitere Verteilung durch Existenz von übriggebliebenen und langsam sedimentierenden einzelnen Fasern. Nimmt man dagegen als v_{50} die mittlere Sinkgeschwindigkeit der herkömmlichen Auswertung als Referenzgröße (●) zur Umrechnung, ist das Resultat eine wesentlich langsamere mittlere Sinkgeschwindigkeit. Dies zeigt, dass auch schon in der herkömmlichen Auswertung die Fasercluster einen erheblichen Einfluss haben und damit die mittlere Sinkgeschwindigkeit größer ist, als die einzelner Fasern.
Hier wurden nur zwei Definitionsmöglichkeiten der Referenzgrößen zur Modifikation des Modells zur Auswertung der Messungen mit Sedimentationswaagen vorgestellt. Dies gibt aber bereits einen Hinweis auf die unterschiedlichen Möglichkeiten zur Interpretation solcher Messergebnisse. Daher wird im Folgenden zur besseren Vergleichbarkeit die herkömmliche Auswertungsmethode für Partikel–Suspensionen verwendet.

Mittlere Sinkgeschwindigkeiten

In Abbildung 7.2 ist die mittlere Sedimentationsgeschwindigkeit normiert mit der Stokes–Geschwindigkeit für eine senkrechte Faser, Formel (2.2.5), von reinen Faser–Suspensionen in Abhängigkeit des Crowding Faktors aufgetragen, siehe Kapitel 2.2.2. Die Auswertung fand sowohl mit der Erweiterung eines Zeitshifts auf Grundlage der Einzelfasergeschwindigkeit, als auch mit der herkömmlichen Theorie entwickelt für Partikel–Suspensionen statt. Als $v_{x_{50}}$–Wert wurde ebenfalls die Sinkgeschwindigkeit einer Einzelfaser gewählt. Das Sedimentationsmedium war Paraffinöl.
Es sind deutliche Unterschiede beim Konzentrations– oder Crowding–Faktor–Verlauf der einzelnen Faserlängen zu erkennen. Während die mittleren Fasern (Länge 1 mm, ●) ein ausgeprägtes Maximum in der Sinkgeschwindigkeit durchlaufen, ist dieses bei den langen (Länge 2 mm, (▲) und kurzen (Länge 0,75 mm, ■) Fasern nicht ausgeprägt. Bei den langen Fasern sind wegen des großen Aspect Ratios bereits geringe Volumenkonzentrationen ausreichend, um einen hohen Crowding Faktor zu erzielen und damit als konzentrierte Suspension zu gelten. In diesem Bereich ist die gegenseitige Behinderung so stark, dass sie

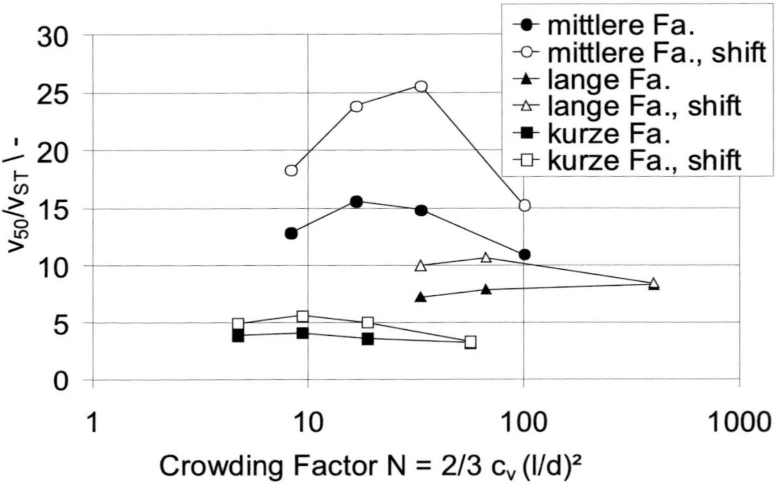

Abbildung 7.2: Normierte mittlere Sedimentationsgeschwindigkeit von Faser–Suspensionen, unter Variation der Länge und der Volumenkonzentration. Vergleich mit und ohne Zeitshift.

das Sedimentationsverhalten auch schon bei geringen Volumenkonzentrationen dominiert. Darum ist auch keine Überhöhung in der mittleren Sinkgeschwindigkeit zu erkennen und als Resultat folgt eine in diesem Bereich vom Crowding Faktor weitestgehend unabhängige, mittlere Sinkgeschwindigkeit. Weil die Feststoffmasse, wie schon erwähnt, insgesamt schon sehr gering ist, war es leider nicht möglich, die Konzentration noch weiter zu verringern, um bei noch niedrigeren Crowding Faktoren das Sinkgeschwindigkeitsverhalten der langen Fasern zu ermitteln.

Bei den kurzen Fasern (■) ist auf Grund der Länge trotz höherer Feststoffkonzentration der Crowding Faktor sehr gering. So dass es sich bei diesen Ergebnissen überwiegend um Messungen im verdünnten oder halbkonzentrierten Bereich handelt. Die gegenseitige Behinderung ist hier wesentlich schwächer, so dass die Überhöhung der mittleren Sinkgeschwindigkeit zwar vorhanden aber nicht sehr ausgeprägt ist. Sedimentierende Fasern bilden kleine Cluster, die relativ schnell geformt sind und danach gleichmäßig absedimentieren. Die Clusterbildung ist in dem Fall ebenfalls nicht sehr stark vom Crowding Faktor abhängig, was wiederum zu einem flachen Maximum in der mittleren Sinkgeschwindigkeit führt.

Bei den mittleren Fasern (●) hingegen ist das Maximum sehr stark ausgeprägt. Es fällt außerdem auf, dass die Suspensionen dieser Fasern den vollständigen Konzentrationsbereich, von verdünnt bis konzentriert, durchlaufen. Der qualitative Sinkgeschwindigkeitsverlauf erinnert an die Einteilung für Partikel–Suspensionen in Einzelpartikel–, Cluster–, Schwarm– und Zonen–Sedimentation von Bickert [6]. Denn auch bei den hier gezeigten Ergebnissen führt bei niedrigen Konzentrationen eine vergleichsweise geringe Clusterbildung auf eine geringere Geschwindigkeit. Bei mittleren Konzentrationen bilden sich wesentlich größere Cluster aus Fasern, die dann schneller absedimentieren. Bei hohen Konzentrationen hingegen ist dann die gegenseitige Behinderung so groß, dass die mittlere Geschwindigkeit wieder abfällt. Ein ähnliches Verhalten beobachteten auch Herzhaft und Guazzelli [39]. Dort zeigten die Sinkgeschwindigkeiten der längeren Fasern (Aspect Ratio 32) kein Maximum, wohingegen bei ihren kurzen Fasern (Aspect Ratio 10) ein Maximum erkennbar war. Diese Autoren sagen aber auch, dass eine allgemeine Konzentrationsdefinition für Fasern nicht eindeutig sei. Auch dies kann an den hier gezeigten Verläufen der mittleren Geschwindigkeiten gesehen werden. So zeigen die mittleren Fasern die stärkste Abhängigkeit im Konzentrationsverlauf. Bei den anderen Fasern ist diese aus oben erklärten Gründen weniger ausgeprägt.

Wie in Kapitel 2.2.2 erwähnt, wird in der Literatur zwar eine Clusterbildung beschrieben und dadurch eine Sinkgeschwindigkeitserhöhung des Feststoffes im Vergleich zur Einzelfaser begründet. Diese ist im Mittel oft kaum größer als die Stokes–Geschwindigkeit der Einzelfaser, siehe Herzhaft und Guazzelli [39]. Hier werden allerdings kürzere Fasern mit einen Aspect Ratio von 11 und 32 benutzt. Bei Turney et al. [89] ist gar keine Erhöhung der Sinkgeschwindigkeit im Vergleich zur Einzelfaser zu erkennen. Es wird aber auch nur die Trennspiegelgeschwindigkeit von Faser–Suspensionen aus Fasern mit Aspect Ratio 17,4 betrachtet, die von den langsamsten Fasern bestimmt wird.

Im Fall unserer kurzen Faser ist die mittlere Sinkgeschwindigkeit 3,5-mal so groß wie die Stokes–Geschwindigkeit einer Einzelfaser. Bei den mittleren Fasern ist die Erhöhung schon 10–15–fach sowie bei den langen Fasern in etwa 7–fach. Dies lässt darauf schließen, dass die Werte aus der Literatur zunächst für Fasern mit sehr geringem Aspect Ratio zu sehen sind. Denn selbst unsere kurzen Fasern, die aber immer noch mindestens einen 2,5–fach höheren Aspect Ratio als alle aus der Literatur bekannten Referenzfasern haben, bilden wegen des kleineren Einfangradiuses nicht so große Cluster, während sie sedimentieren. Dadurch ist natürlich auch die Sedimentationsgeschwindigkeit bei kurzen Fasern nicht so

viel größer wie die einer Einzelfaser. Die mittleren Fasern sind dagegen bis zu fünfzehn Mal schneller als die entsprechende Einzelfaser. Damit kann man davon ausgehen, dass große Cluster gebildet werden, die dann wesentlich schneller absedimentieren. Die langen Fasern sind schließlich so großen gegenseitigen Behinderungen ausgesetzt, dass die Geschwindigkeitsüberhöhung nur noch sieben Mal größer ist.
Man stellt also fest, dass die in der Literatur gegebenen Werte für die Sinkgeschwindigkeiten von Faser–Suspensionen nur für relativ kurze Fasern gelten. Das Clusterbildungsverhalten von längeren Fasern und die daraus resultierende wesentlich höhere Sinkgeschwindigkeit des Feststoffs wurde bisher noch nicht untersucht.
Die hier aufgetragenen Ergebnisse sind mit Paraffinöl, einem Medium mit relativ hoher Viskosität, durchgeführt worden. Im folgenden Abschnitt wird nun diskutiert, dass dadurch sehr lange der Bereich der Clusterbildung und Ausrichtung von Fasern die Sedimentation dieser überlagert.

7.1.2 Einfluss des Sedimentationsmediums

Nach umfangreichen Experimenten mit Faser–Suspensionen aus Paraffinöl wurde auch Sonnenblumenöl und Isopropanol zur Untersuchung des Sedimentationsverhaltens verwendet. Das Sonnenblumenöl zeichnet sich dadurch aus, dass es bei ähnlicher Dichte eine doppelt so große Viskosität wie das Paraffinöl hat (Tabelle 5.4). Damit ist eine noch geringere absolute Sinkgeschwindigkeit zu erwarten. Das Isopropanol hat eine im Vergleich sehr geringe Viskosität und führt zu einer großen absoluten Geschwindigkeit.
Wie durch Partikelsysteme mehrfach gezeigt, gilt auch hier erstmal die berechtigte Annahme, dass ein Sedimentationsvorgang bei gleichem Feststoff auf ein Referenzmedium normiert werden kann und in dem Sinne unabhängig von diesem ist. So ist eigentlich zu erwarten, dass auch bei den Faser–Suspensionen die Sinkgeschwindigkeitsverteilungen, die in unterschiedlichen Sedimentationsmedien gemessen wurden, ineinander umgerechnet werden können. Dazu gilt für die Geschwindigkeiten bei gleichen Teilchen

$$\left.\begin{array}{l} v_1 \approx \frac{\rho^{\mathrm{P}}-\rho^{\mathrm{F}1}}{\mu^{\mathrm{F}1}} \\ v_2 \approx \frac{\rho^{\mathrm{P}}-\rho^{\mathrm{F}2}}{\mu^{\mathrm{F}2}} \end{array}\right\} \quad \Longrightarrow \quad \frac{v_1}{v_2} = \frac{\rho^{\mathrm{P}}-\rho^{\mathrm{F}1}}{\rho^{\mathrm{P}}-\rho^{\mathrm{F}2}} \frac{\mu^{\mathrm{F}2}}{\mu^{\mathrm{F}1}} \quad \Longleftrightarrow \quad v_1 = \frac{\rho^{\mathrm{P}}-\rho^{\mathrm{F}1}}{\rho^{\mathrm{P}}-\rho^{\mathrm{F}2}} \frac{\mu^{\mathrm{F}2}}{\mu^{\mathrm{F}1}} v_2. \qquad (7.1.1)$$

Falls nun das Sedimentationsverhalten nicht von dem Fluid abhinge, müssten auch nach der Umrechnung der einzelnen Geschwindigkeiten die Verteilungen übereinstimmen. Für Paraffin– und Sonnenblumenöl trifft dies in etwa zu, wie Abbildung 7.3 zeigt.

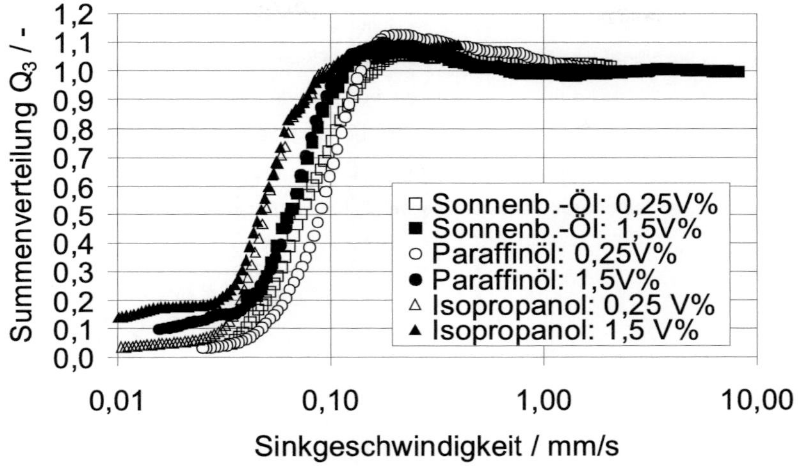

Abbildung 7.3: Sinkgeschwindigkeitsverteilungen von Faser–Suspension der mittleren Fasern. Umrechnung verschiedener Sedimentationsmedien nach Paraffinöl.

Es fällt bei 0,25 V% allerdings auf, dass die Sinkgeschwindigkeitsverteilung von Fasern in Sonnenblumenöl (□) etwas breiter als die in Paraffinöl (○) ist. Auch ist der Mittelwert zu etwas langsameren Geschwindigkeiten hin verschoben. Signifikanter ist allerdings, dass die Sinkgeschwindigkeitsverteilung in Isopropanol überhaupt nicht mit der von den Ölen übereinstimmt. Zur Begründung sei zunächst auf Abbildung 7.6 verwiesen. Dort ist die Sinkgeschwindigkeitsverteilung von Faser–Partikel–Suspensionen unter Variation des Fasergehalts in Isopropanol untersucht worden. Man erkennt, dass alle Kurven der Q_3–Verteilung die 100% bei dem gleichen Geschwindigkeitswert, das heißt nach gleicher Sedimentationszeit wieder durchschreiten.

Ein Hinweis zur Erklärung für dieses Verhalten ist in der Literatur zu finden [39], [65]. Es ist bekannt, dass die von den Fasern gebildeten Cluster nach einem instationären Bildungsvorgang eine stationäre Größe erreichen. Zwar kommen neue Fasern hinzu und andere scheren ab, aber die absolute Größe eines solchen Clusters ändert sich nicht. Abbildung 7.4 zeigt dazu die dimensionslose Zeit der abgeschlossenen Umordnung in Abhängigkeit des Aspect Ratios. Dies ist der Punkt, an dem die Q_3–Verteilung die 100% wieder durchschreitet. Die ersten vier Punkte zeigen Versuche mit relativ kurzen Fasern auf [39]. Weitere in dieser Arbeit durchgeführte Versuche mit langen Fasern ergänzen den Verlauf. Man kann erkennen, dass je kleiner der Aspect Ratio, desto mehr Zeit benötigt die Ausbildung einer stationären Suspensionsstruktur bei Sedimentation. Oder auch, wenn die Fasern länger sind, wird die Zeit, in der sich ein stationäres Verhalten eingestellt hat, immer kürzer.

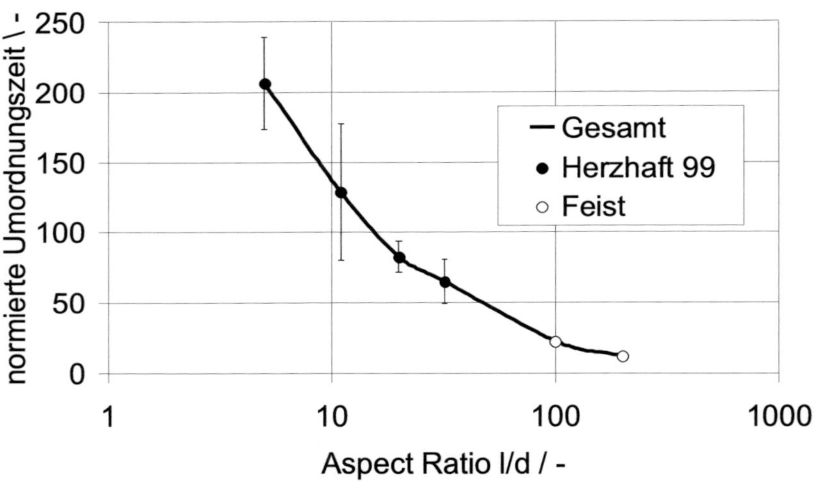

Abbildung 7.4: Entdimensionierte Umordnungszeit von Faser–Suspensionen. Daten von Herzhaft et al. [39] mit Erweiterung von Feist.

Die Abhängigkeit zwischen Aspect Ratio und Umordnungszeit t_u kann so durch Anpassung wie folgt angegeben werden,

$$t_u \sim \left(\frac{l^{\mathrm{Fa}}}{d^{\mathrm{Fa}}}\right)^{-\frac{3}{4}}.$$

In Isopropanol laufen auf Grund der geringen Viskosität die Umordnungsvorgänge so schnell ab, dass diese nach gleicher Zeit, hier ca. 130 Sekunden, unabhängig von der untersuchten Faserkonzentration und dem Faseranteil abgeschlossen sind, siehe Abbildung 7.6. Diese Zeitspanne ist genau durch den Punkt bestimmt, an dem alle Q_3–Verteilungen gemeinsam die 100% treffen. Danach ist der anschließende Sedimentationsvorgang der Cluster kaum noch von Umordnungen überlagert. Es ist weiter anzunehmen, dass dieser Vorgang bei gleicher Faser geschwindigkeitskontrolliert ist. Das heißt, durch Umrechnung lässt sich die Zeitäquivalenz zu Paraffinöl bestimmen, siehe Tabelle 7.1 für 0,25 V%.

Tabelle 7.1: Gemessene abgeschlossene Umordnung bei Isopropanol im Vergleich zu hochviskosen Medien, mittlere Fasern, Konzentration 0,25 V%.

Abschluss der Umordnung gemessen bei Isopropanol 130 Sekunden		
Name	Paraffinöl	Sonnenblumenöl
Geschwindigkeitsverhältnis zu Isopropanol	15,95	41,33
Abschluss der Umordnung (gemessen) / s	1400	3200
Theo. Umordnung von Isopropanol (berechnet) s	2073	5300
Geschwindigkeitsäquivalenz (gemessen) / 10^{-3} m/s	0,134	0,060
Geschwindigkeitsäquivalenz (berechnet) / 10^{-3} m/s	0,087	0,038

Betrachtet man zunächst die Suspensionen mit 0,25 V%, zeigen auch die jeweiligen Öle einen Unterschied im Sedimentationsverhalten. Die hier berechnete Zeitäquivalenz und damit die Zeit, nach der die Umordnung beendet sein müsste, siehe Tabelle 7.1, zeigt, dass die Umordnung eben noch nicht abgeschlossen ist, auch wenn die Q_3–Verteilung unter 100% fällt. Dies bedingt, dass die Sedimentation in diesem Fall viel stärker mit der Umordnung der Fasern überlagert ist, da die berechnete Zeit zur Umordnung ca. 40% länger als die gemessene ist. Die Erhöhung der mittleren Sinkgeschwindigkeit besonders bei den mittleren Fasern ist dabei so zu erklären, dass die Cluster zunächst etwas größer sind und durch die dadurch bedingte höhere Geschwindigkeit abgeschert, verkleinert und verlangsamt werden, so dass eine höhere mittlere Sinkgeschwindigkeit entsteht, wenn der Umordnungsbereich weiter in die Sedimentation hineinreicht.

Metzger et al. [65] konnten in diesem Zusammenhang zeigen, dass zu Beginn des Sedimentationsvorgangs die Abweichung der Geschwindigkeit von Mittelwert zunächst hoch ist um dann abzunehmen. Dies ist auch der Grund für die wesentlich breitere Verteilung bei den Versuchen mit Sonnenblumenöl, da dies ein Medium ist, in dem die Partikel noch langsamer

sedimentieren und die Umordnung noch später abgeschlossen ist. Zusätzlich ist hier die Bewegung schon wieder so langsam, dass die Fasern keine großen Cluster mehr bilden.
Bei einer Volumenkonzentration von 1,5 V% ist nach Umrechnung bei den Ölen die Sinkgeschwindigkeitsverteilung identisch (Abbildung 7.4 (■), (●)) und auch die Ergebnisse von Suspensionen mit Isopropanol (▲) weichen weniger stark von den Ergebnissen dieser ab. In diesem Konzentrationsbereich erfahren die Fasern wesentlich mehr Behinderungen und dadurch ist die Bildung einzelner schnell sedimentierender Cluster nicht so stark ausgeprägt aind. Vielmehr gilt auch hier, wie oben bereits erwähnt, dass die Sedimentation mehr von der gegenseitigen Behinderung der Feststoffteilchen bestimmt ist und diese auf Grund der hohen Konzentration bei den Ölen gleich ist.

Sedimentation in Isopropanol: Vergleich Sedimentationswaage und LumiReader

Nachdem gezeigt wurde, wie sich die Umordnung auf das Sedimentationsverhalten von Faser–Suspensionen auswirkt, soll nun die Sedimentation in Isopropanol noch etwas genauer untersucht werden. Dabei wird auch ein Vergleich zu den Sinkgeschwindigkeiten, erhalten durch Trennspiegelbeobachtung, im LumiReader gezogen. Vermessen werden Suspensionen verschiedener Volumenkonzentrationen sowohl in der Sedimentationswaage, als auch im LumiReader. Um eine Aussage über die Geschwindigkeit des Trennspiegels machen zu können, sei die Erweiterung der Methode der Auswertung des Transmissionsmessprinzips für Clusterbildende Systeme verwendet, siehe Kapitel 5.2.3.
Ein Ziel unser Untersuchungen ist ein Gesetz, ähnlich dem von Richardson und Zaki (2.2.2), auch für Fasern anzugeben. Herzhaft und Guazzelli [39] publizierten einen solchen Zusammenhang mit einem Exponenten von 9, allerdings werden dazu Fasern mit einem Aspect Ratio zwischen 5 und 32 gewählt. Um solch eine Formel auch für Faser–Suspensionen aus Fasern mit wesentlich größeren Aspect Ratio zu entwickeln oder zu bestätigen, wird die Sinkgeschwindigkeit des Trennspiegels, gemessen im LumiReader und die mittlere Sinkgeschwindigkeit der Suspension in der Sedimentationswaage in Abhängigkeit des Crowdings Faktors betrachtet.
In Abbildung 7.5 rechts erkennt man bei den langen Fasern in Isopropanol und in Paraffinöl einen ähnlichen Verlauf der mittleren Sedimentationsgeschwindigkeit. Nach den vorherigen Ausführungen sind die langen Fasern auf Grund ihres Crowding Faktors so großen Behinderungen ausgesetzt, dass keine freie Sedimentation stattfindet, sondern die Sedimentation von Behinderungen überlagert ist.

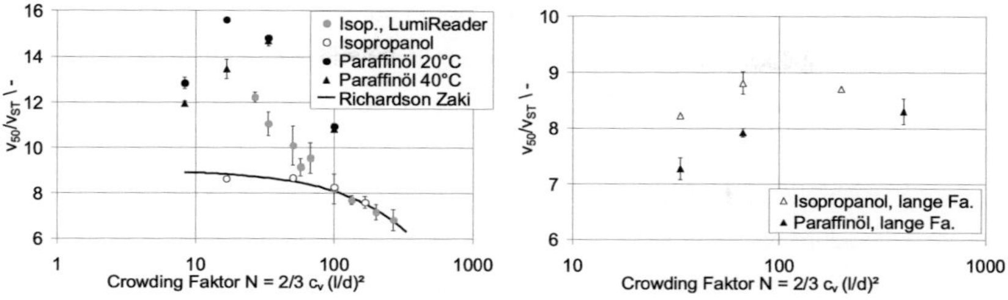

Abbildung 7.5: Normierte mittlere Sinkgeschwindigkeit von Faser–Suspensionen in Isopropanol in Abhängigkeit des Crowding Faktors. Links: Vergleich zwischen LumiReader und Sedimentationswaage, Isopropanol und Paraffinöl (20 ℃, 40 ℃) und einem Richardson Zaki Gesetz, der Form v_{50}=const $v_{ST}(1\text{-}c_v)^9$. Rechts: Lange Fasern in Isopropanol und Paraffinöl.

Bei den mittleren Fasern jedoch findet man im Vergleich zu Paraffinöl nur eine Überhöhung der Einzelfasergeschwindigkeit um maximal den Faktor 9 (Abbildung 7.5 links, ○). Außerdem ist auch kein ausgeprägtes Maximum wie bei dem Paraffinöl zu erkennen (●). Dies zeigt nochmals, dass beim Paraffinöl das Sedimentationsverhalten durch signifikante Überlagerungen von Umordnugnsvorgängen im Vergleich zu Isopropanol verändert wird.
Um zu zeigen, dass für diese Abhängigkeit vom Sedimentationsmedium die stark unterschiedlichen Viskositäten und damit Einzelfasergeschwindigkeiten verantwortlich sind, wurden ebenfalls Versuche mit erwärmten Paraffinöl (40 ℃) durchgeführt. Dadurch konnte die Viskosität zwar nur um den Faktor 2,3 verringert werden, siehe Tabelle 5.4 aber dafür andere spezifische Fluid–Faser–Wechselwirkungen ausgeschlossen werden. An den Ergebnissen erkennt man deutlich (▲), dass im Vergleich zu dem Paraffinöl bei 20 ℃ (●) die mittlere Sedimentationsgeschwindigkeit im niedrig konzentrierten Bereich kleiner wird und sich vermutlich bei weiterer Viskositätsänderung der in Isopropanol annähert. Im höher konzentrierten Bereich dagegen erkennt man noch keinen Unterschied, da die gegenseitige Behinderung der Fasern eine noch zu entscheidende Rolle spielt.
Die mittlere Sedimentationsgeschwindigkeit des Trennspiegels gemessen im LumiReader zeigt einen fallenden Verlauf (●) in Abhängigkeit des Crowdings Faktors. Im niedrig konzentrierten Bereich ist die Trennspiegelgeschwindigkeit wesentlich größer als die mittlere Geschwindigkeit von der Sedimentationswaage. Die schnellsten Faser Cluster sind zwar ei-

niges schneller, können aber die langsamen auf Grund der geringen Konzentration und des geringen Platzes auf Grund der Größe des Doppelzylinders der Sedimentationswaage nicht einfangen. In der Küvette des LumiReaders hingegen werden auf Grund deren geringen Durchmessers alle langsamen Fasern von den schnellen eingefangen, so dass nur Flocken betrachtet werden, deren Sinkgeschwindigkeit relativ groß ist. Dies zeigt die Limitierung der Sedimentationsbeurteilung mit Hilfe von Messungen der Trennspiegelgeschwindigkeit besonders bei Faser–Suspensionen im niedrig konzentrierten Bereich.

Im konzentrierten Bereich ist die mittlere Geschwindigkeit der Sedimentationswaage erreicht. Hier wurde aber bereits zuvor diskutiert, dass die Sedimentation von den Hinderungseffekten der Fasern untereinander bestimmt ist. Dadurch tritt der Wandeinfluss in den Hintergrund und somit ist auch zu erwarten, dass hier die mittlere Sinkgeschwindigkeit und die Trennspiegelgeschwindigkeit übereinstimmen.

Die durchgezogene Kurve in Abbildung 7.5 links gibt ein Richardson und Zaki Gesetz mit Exponent 9, wie es auch in [39] beschrieben wurde, an. Hier erkennt man, dass dies eine gute Annäherung an die Sedimentationswaagenversuche in Isopropanol (○) darstellt. Somit kann dieser Zusammenhang auch für längere Fasern bestätigt werden.

Abbildung 7.5 rechts zeigt einen Vergleich der mittleren Sedimentationsgeschwindigkeit von den langen Fasern in Isopropanol und Paraffinöl in Abhängigkeit des Crowding Faktors. Man erkennt deutlich, dass der Unterschied zwischen den beiden Sedimentationsmedien sehr gering ist, im Vergleich zu den mittleren Fasern. Auch besitzen die Verläufe kein ausgeprägtes Maximum. Denn die langen Fasern sind so viel mehr Behinderungen ausgesetzt als die mittleren, so dass die Sedimentation weniger durch Umlagerung und Clusterbildung überlagert als mehr durch Abstoßung der Fasern untereinander bestimmt ist.

Nach diesen Untersuchungen zum Sedimentationsverhalten von Faser–Suspensionen wird im Folgenden untersucht, wie sich Partikel auf dieses auswirken. Dabei ist darauf zu achten, dass die Partikel eine ähnliche Sedimentationsgeschwindigkeit wie die Fasern haben, damit beide Teilchensorten gleichberechtigt an der Sedimentation teilnehmen können. Des Weiteren sind die Materialdichten nahezu identisch. Damit wird gewährleistet, dass bei den Suspensionen bei gleicher Massenkonzentration die Volumenkonzentration trotz Variation des Faseranteils konstant bleibt.

7.1.3 Faser–Partikel–Suspensionen

Durch Zugabe von Partikeln zur Faser–Suspension wird untersucht, in wieweit das Faser–Partikel Verhältnis das Sedimentationsverhalten des Feststoffs beeinflusst. Im Speziellen wird die Möglichkeit betrachtet, ob man mit Partikeln in der Lage ist, die Bildung von Faser–Clustern zu unterbinden, bzw. zu verlangsamen oder ob Partikel auch in den Experimenten von den Fasern mitgezogen werden. Dazu zeigt Abbildung 7.6 die Ergebnisse des Sedimentationsverhaltens von Faser–Partikel–Suspensionen unter Variation des Faser–Partikel Verhältnisses bei 0,25 V%. Das Sedimentationsmedium ist Isopropanol.

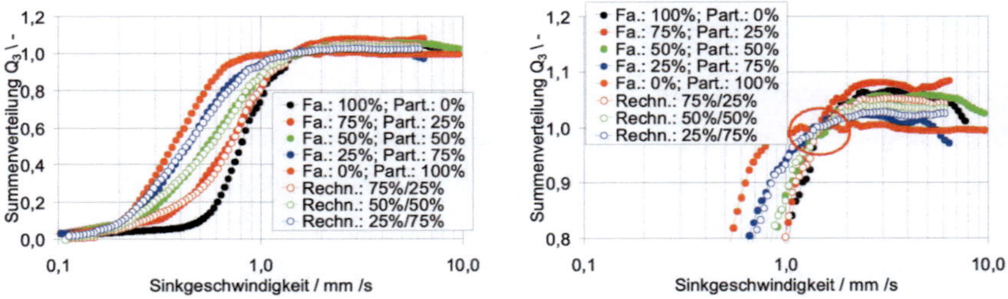

Abbildung 7.6: Sinkgeschwindigkeitsverteilungen von Faser–Partikel–Suspensionen in Abhängigkeit des Faser zu Partikelanteils. Links: Gesamte Sinkgeschwindigkeitsverteilung, Rechts: Vergrößerter Ausschnitt des 100%–Durchgangs des linken Diagramms.

Der Feststoff in diesen Suspensionen besteht aus den mittleren Fasern und den Partikeln, die in Tabelle 5.3 angegebenen sind. Die ausgefüllten Symbole zeigen Versuchsergebnisse. Die leeren Symbole sind die Ergebnisse von Berechnungen aus den Versuchen mit reinen Faser– beziehungsweise reinen Partikel–Suspensionen, die für die Berechnungen im entsprechenden Verhältnis verwendet werden.

Man erkennt deutlich die Überhöhung des Q_3–Wertes bei hohen Sedimentationsgeschwindigkeiten. Dieses Phänomen ist bereits im vorhergehenden Abschnitt beschrieben und hinreichend diskutiert worden. An dieser Stelle bleibt somit nur noch zu ergänzen, dass man bei hohen Partikelanteilen nur eine sehr geringe bis gar keine Überhöhung der Q_3–Verteilung vorfindet. Diese Suspensionen bilden auf Grund der niedrigen Faserkonzentration nur in geringem Maße Cluster im Vergleich zu reinen Faser–Suspensionen. Aus dem Verlauf der

Messkurven vor dem 100%–Durchgang war im Allgemeinen leider keine Quantifizierung in Abhängigkeit des Faseranteils möglich.

Der restliche Sedimentationsverlauf hängt nur noch indirekt von den Teilchenformen ab, sondern wird von den entsprechenden Anteilen bestimmt. So sind die Cluster bereits gebildet und verhalten sich stationär. Damit sedimentieren sie wie große Partikel ab. Dadurch ist es sogar möglich, die Sinkgeschwindigkeitsverteilungen in den entsprechenden Verhältnissen aus den reinen Suspensionen umzurechnen. Dies heißt aber auch, dass man durch Partikelzugabe in diesem Fall nicht in der Lage ist, die Clusterbildung von Fasern zu stabilisieren.

Zusammenfassung: Akademische Suspensionen

Nach diesen Ergebnissen über das Sedimentationsverhalten von Fasern können folgende Schlussfolgerungen gezogen werden. Das Sedimentationsverhalten von Fasern hängt sehr stark von der Länge, von der Konzentration und vom Sedimentationsmedium ab. Durchläuft man verschiedene Konzentrationen, kann man bei gewissen Konstellationen zwischen Faserlänge und Sedimentationsmedium ein sehr stark ausgeprägtes Maximum in der mittleren Fasergeschwindigkeit erkennen. Auf Grund hydrodynamischer Effekte bilden Fasern Cluster, die je nach Faserlänge und Sedimentationsmedium bis zu fünfzehn Mal schneller sedimentieren als eine senkrechte Einzelfaser. Diese Clusterbildung benötigt eine gewisse Zeit, speziell in hochviskosen Sedimentationsmedien. Bei besonders langsamer Bewegung in Kraftrichtung überlagert diese Clusterbildung das Sedimentationsverhalten entscheidend. Durch Beobachtung des Trennspiegels mit Hilfe von optischen Messverfahren konnte man bei den hier vorgestellten Experimenten nur in höherkonzentrierten Faser–Suspensionen durch Angabe der Trennspiegelgeschwindigkeit die mittlere Sedimentationsgeschwindigkeit einer Sedimentationswaage abbilden.

Es wurde gezeigt, dass die Volumenkonzentration bei Faser– und Partikel–Suspensionen eine jeweils andere Bedeutung hat. So sind Fasern schon bei geringen Volumenkonzentrationen in der Lage, hohe und lockere Sedimente zu bilden, bei denen vergleichbare Partikel noch relativ frei absedimentieren würden. Daher wurde der Crowding Faktor eingeführt, der als eine modifizierte Definition die Volumenkonzentration und den Aspect Ratio von Fasern mit einbezieht. Allerdings ist auch diese Definition nicht eindeutig in Bezug auf die Einteilung der verschiedenen Konzentrations–Regime und auftretenden Effekte bei unterschiedlichen Fasern.

In den Bereichen, die von Umordnungen geprägt sind, ist kein Richardson und Zaki Gesetz angebbar. Wenn der Sedimentationsvorgang jedoch in Fluiden stattfindet, in denen sich erst Cluster bilden und danach eine signifikante Sedimentation stattfindet, wurde das Gesetz mit Exponent 9 auch für längere Fasern bestätigt.

7.2 Papiersuspensionen: Ein Beispiel aus der Industrie

Nach den ausführlich beschriebenen Ergebnissen aus Grundlagenuntersuchungen mit Hilfe akademischer Suspensionen werden nun Ergebnisse vorgestellt, die sich mit der Sedimentation von Faser–Partikel–Suspensionen beschäftigen, die in verschiedenen Prozessschritten beim Papierrecycling anfallen. Diese werden im Hinblick auf eine mögliche Trennung der organischen Fasern von den anorganischen Partikeln mit Hilfe einer Aufstromklassierung betrachtet [37], [40]. Dabei handelt es sich um einen Prozess, bei dem Fluid entgegen der Erdbeschleunigung strömt. Die Feststoffteilchen, die schneller als die Strömungsgeschwindigkeit sedimentieren, werden sich im unteren Bereich des Apparates anreichern, die Teilchen, die langsamer sind, werden aufsteigen und mit dem Fluid im oberen Bereich ausgetragen. Die meist konische Bauform des Apparates dient zum einen der Strömungsberuhigung, zum anderen bildet sich ein Geschwindigkeitsgradient über die Apparatehöhe aus, der zu einer weiteren Klassierung der Feststoffteilchen nach deren Sedimentationsgeschwindigkeit genutzt werden kann. Für die Auslegung einer solchen Aufstromklassierung sind die Sedimentationseigenschaften des Feststoffs in der Suspension von entscheidender Bedeutung, da diese die Strömungsparameter bestimmen.

Im Folgenden wird zunächst die Trennleistung einer Aufstromklassierung bezogen auf die Papiersuspensionen, siehe Tabelle 5.2, beschrieben und eine Parameterstudie an diesem realen Prozess durchgeführt. Anschließend folgen Grundlagenuntersuchungen zu den Sedimentationseigenschaften, zuerst von den Einzelkomponenten und anschließend von den gesamten Faser–Partikel–Suspensionen. Es werden Vergleiche zwischen den Grundlagenuntersuchungen und dem realen Trennerfolg gezogen, sowie auf den qualitativen Vergleich mit den Simulationen eingegangen.

7.2.1 Trennerfolg

Die folgenden Ergebnisse von Trennversuchen mit dem gestrichenen und ungestrichenen Papier in einer Aufstromklassierung sind in Hirsch et al. [40] bereits beschrieben worden. Sie werden an dieser Stelle aber nochmals kurz wiederholt, da sie für die spätere Korrelation mit den Grundlagenuntersuchungen herangezogen werden.

Abbildung 7.7 zeigt die anorganischen Anteile der unterschiedlichen Papiersuspension sowie des Sediments und des Überlaufs von der Aufstromklassierung. Die Messungen der Inhaltsstoffe fanden jeweils mit Hilfe einer TGA statt, siehe auch Tabelle 5.2. Es ist zu erkennen,

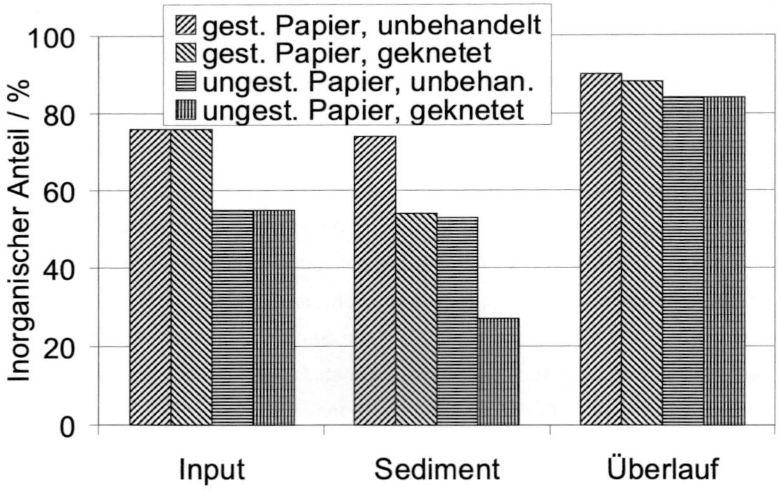

Abbildung 7.7: Trennergebnisse einer Aufstromklassierung mit ungestrichenen und gestrichenen Papier nach Variation der Vorbehandlungen, vgl. [40].

dass sich sowohl bei gestrichenem als auch bei ungestrichenem Papier die anorganische Phase im Bereich des Überlaufs anreichert. Für das Sediment kann man allerdings kaum eine Verarmung feststellen. Dies liegt daran, dass man zwar einige anorganische Partikel austragen und Fasern zurückhalten kann, aber diese Partikel bezogen auf die gesamte Masse des Feststoffs kaum ins Gewicht fallen und sich der Rest im Sediment befindet. Dies geschieht, weil die Fasern beim absedimentieren des Feststoffs kleine Cluster bilden und einen großen anorganischen Anteil mit sich ins Sediment ziehen. Dies sind sowohl Partikel, die durch den Papierbildungsprozess noch fest an den Fasern haften, als auch Partikel, die sich frei bewegen können, es aber nicht schaffen sich signifikant von den Fasern zu trennen. Ein anderes Verhalten kann bei gekneteten und damit mechanisch vorbehandelten Suspensionen beobachtet werden. Hier entsteht zwar keine Verbesserung der Überlaufqualität, dafür findet aber eine signifikante Verarmung im Sediment statt. Man erkennt, dass durch die mechanische Vorbehandlung Agglomerate zerstört werden. Dies gilt besonders für Faser–Partikel und Partikel–Partikel Agglomerate, sowie für die längeren Fasern. Dadurch sind die Fasern nun nicht mehr in der Lage, während der Sedimentation einen so großen anorganischen Anteil durch Clusterbildung einzuschließen. Die Partikel können an den Faserclustern vorbei mit der Flüssigkeit nach oben strömen um dort ausgetragen zu werden. Die Fasern halten sie somit nicht zurück. Allerdings entstehen durch die zusätzliche Dispergierung auch kleine organische Bruchstücke, die ebenfalls ausgetragen werden. Grundlegende Untersuchungen zum Sedimentationsverhalten finden sich in Kapitel 7.2.5.

Nach diesen Trennungen wird nun das Sedimentationsverhalten der Papiersuspensionen unter Variation verschiedenster Parameter genauer untersucht. Die zu erwartenden Einflüsse werden im Hinblick auf das Sedimentationsverhalten betrachtet. Dabei wird zunächst mit den Einzelkomponenten aus den Papiersuspension begonnen.

7.2.2 Einzelkomponenten

Die in Abbildung 7.8 aufgetragenen Ergebnisse des Sedimentationsverhaltens der Einzelkomponenten wurden mit einer Manometerzentrifuge und einem C–Wert von 200 für 1000 Sekunden durchgeführt, Beschreibung siehe Kapitel 5.2.2. Die verschiedenen Suspensionen hatten jeweils eine Konzentration von drei Massenprozent (Ma%). Aufgetragen ist die mit dem C–Wert normierte Sinkgeschwindigkeitsverteilung.

Man erkennt daraus, dass mit den gewählten Parametern fast 80% des $CaCO_3$ (○) sedimentiert sind, jedoch im Gegensatz dazu und unter gleichen Bedingungen nur 40% des Kaolins (●). Dies liegt an den wesentlich kleineren Partikeln, aus denen das Kaolin im Vergleich zum $CaCO_3$ zusammengesetzt ist.

Zusätzlich zeigt die Sinkgeschwindigkeitsverteilung, dass 20% des Kaolins (●) mit nahezu einer gleichen und einer dem $CaCO_3$ (○) vergleichbaren Geschwindigkeit sedimentieren, wohingegen die verbleibenden 80% eine Sedimentationsgeschwindigkeit haben, die mehr

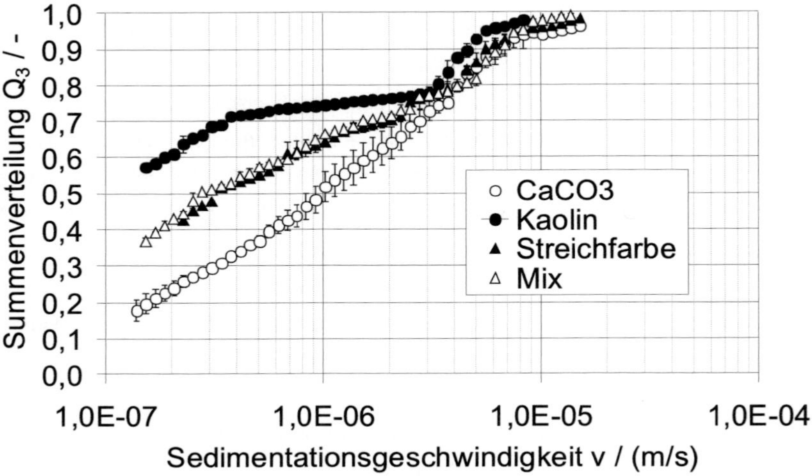

Abbildung 7.8: Sinkgeschwindigkeitsverteilung von $CaCO_3$ (○), Kaolin (●), der Streichfarbe (▲) und einer $CaCO_3$–Kaolin (△) Mischung bei 3 Ma%, gemessen mit einer Manometerzentrifuge, vgl. [30].

als zehn Mal kleiner ist. Die Agglomerationseigenschaft des Kaolins führt in diesem Fall dazu, dass einige große Agglomerate gebildet werden, die zuerst sedimentieren. Die stabilisierten Primärpartikel sinken anschließend und relativ langsam ab. Beim $CaCO_3$ hingegen ist eine breite aber keine bimodale Sinkgeschwindigkeitsverteilung zu erkennen. Zusätzlich sedimentieren weitere 50% des $CaCO_3$ schneller als die kleinen Kaolinpartikel.

In Abbildung 7.8 wird auch das Sedimentationsverhalten der Streichfarbe (▲) sowie einer reinen Mischung (△) des Kaolins und des $CaCO_3$ betrachtet. Die Streichfarbe besteht, wie in Tabelle 5.1 aufgelistet, im Wesentlichen zu 50% aus diesen beiden Partikelsorten. Das Ergebnis zeigt, dass bei allen vier Suspensionen die schnellsten 20% die gleiche Sinkgeschwindigkeit haben. Somit haben auch 20% des Feststoffs in der $CaCO_3$– und Kaolin–Suspension sowie der Streichfarbe und der Mischung beider reinen Komponenten die gleiche Größe.

Wie zu vermuten war, ist das weitere Sinkgeschwindigkeitsverhalten der Streichfarbe (▲) und der Mischungen (△) zwischen denen der Einzelkomponenten angesiedelt. Dies lässt darauf schließen, dass sich die beiden Komponenten zu einer stabilisierten Suspension mischen lassen. Weiterhin ist zu bemerken, dass die zusätzlichen Bestandteile in der Streichfarbe keinen Einfluss auf die Sinkgeschwindigkeitsverteilung und damit auf die Stabilität der Suspension nehmen. Man kann also zunächst vermuten, dass die vielen kleinen Kaolin– und die wenigen kleinen $CaCO_3$–Partikel der Aufströmung folgen und ausgetragen werden, sofern sie nicht von den Fasern eingeschlossen sind.

7.2.3 Physikochemische Wechselwirkungen

Da eine mögliche Trennung von organischen Fasern und anorganischen Partikeln diskutiert werden soll, ist es ebenfalls wichtig, weitere Partikel–Wechselwirkungen in die Betrachtung der Sedimentationseigenschaften mit einzubeziehen, um ein möglicherweise verbessertes Trennergebnis zu erzielen. In diesem Fall handelt es sich hauptsächlich um physikochemi-

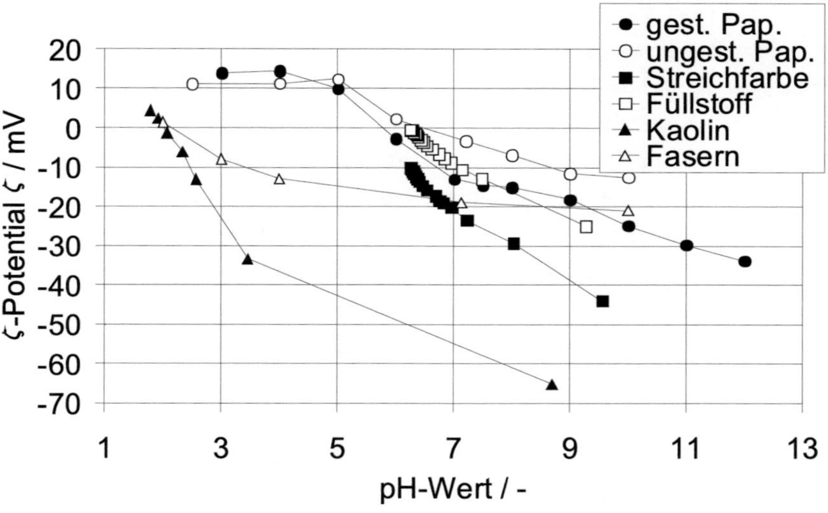

Abbildung 7.9: ζ–Potential des gestrichenen und ungestrichenen Papiers sowie der Einzelkomponenten in Abhängigkeit vom pH-Wert, vgl. [30].

sche Wechselwirkungen, die zum Beispiel durch eine pH-Wert Variation verändert werden können.

In Abbildung 7.9 sind die ζ–Potentiale der Papier–Suspensionen und die in diesen Suspensionen enthaltenen Einzelkomponenten aufgetragen. Für pH–Werte kleiner als sechs ist das ζ–Potential der Papier–Suspensionen (○), (●) positiv, durchläuft dann bei pH sechs den isoelektrischen Punkt und wird anschließend negativ. Der Füllstoff (□) der zu 100 % aus $CaCO_3$ besteht, hat einen Verlauf, der vom isoelektrischen Punkt bei pH 6 zu -25 mV bei pH 9,3 läuft. Die Streichfarbe (■) liegt darunter, was vermutlich an dem Inhaltsstoff Kaolin (▲) liegt, der ein sehr niedriges ζ–Potential auch schon bei geringeren pH-Werten aufweist.
Das ζ–Potential des ungestrichenen Papiers (○) ist ein wenig höher als das des gestrichenen Papiers (●). Dies liegt ebenfalls an dem hohen Anteil an Kaolin bei gestrichenem Papier. Bei dem pH-Wert (pH 7.5) der originalen Suspensionen ist das ζ–Potential des ungestrichenen Papiers höher als das der Einzelkomponenten. Im Gegensatz dazu hat das gestrichene Papier ein ζ–Potential welches zwischen dem der Einzelkomponenten liegt. Mit Erhöhung des pH-Wertes sinkt das ζ–Potential der Einzelkomponenten schneller als das der Papiersuspensionen. Bei einem pH-Wert um die 10 haben das Füllmaterial sowie die Streichfarbe ein ζ–Potential welches geringer ist, als das des gestrichenen Papiers. Dieses ist wiederum geringer, als das der einzelnen Faser–Komponenten. Wegen des betraglich größeren ζ–Potentials bei einem pH-Wert von 10, sind die Abstoßungskräfte größer als bei einem pH-Wert von 7,5. Die Suspension ist stabilisiert. Des Weiteren ist eine Destabilisierung zu erwarten, je näher der pH–Wert an dem des isoelektrischen Punkts liegt.
Diese Agglomerationseigenschaften können ebenfalls am Verlauf der Sinkgeschwindigkeitsverteilungen erkannt werden, siehe Abbildung 7.10. So lässt sich dieser direkt mit der pH-Wert Abhängigkeit des ζ–Potentials korrelieren. Dabei ist zu beachten, dass vor der Sedimentationsmessung die Papier–Suspensionen im Acoustosizer hinsichtlich des ζ–Potentials vermessen wurden und damit bereits recht großen Scherkräften ausgesetzt waren. Dadurch ist die absolute Sinkgeschwindigkeitsverteilung eher mit der des gestrichenen und mechanisch vorbehandelten Papiers zu vergleichen, siehe Abbildung 7.15. Um aber den Einfluss des ζ–Potentials zu zeigen, ist die relative Änderung der entscheidende Parameter, da auch die Scherbeanspruchung für alle Suspensionen gleich war.
Man erkennt, dass von einem pH-Wert von 7,5 bis zu einen pH–Wert von 10 die mittlere Sinkgeschwindigkeit abnimmt. Dies passt zu dem ζ–Potential Verlauf, denn in diesem Bereich nimmt es betraglich zu und damit die Agglomeration ab. Bei einem pH-Wert von 7 ist die Geschwindigkeit schneller und auch das ζ–Potential näher bei 0. Es ist außerdem eine

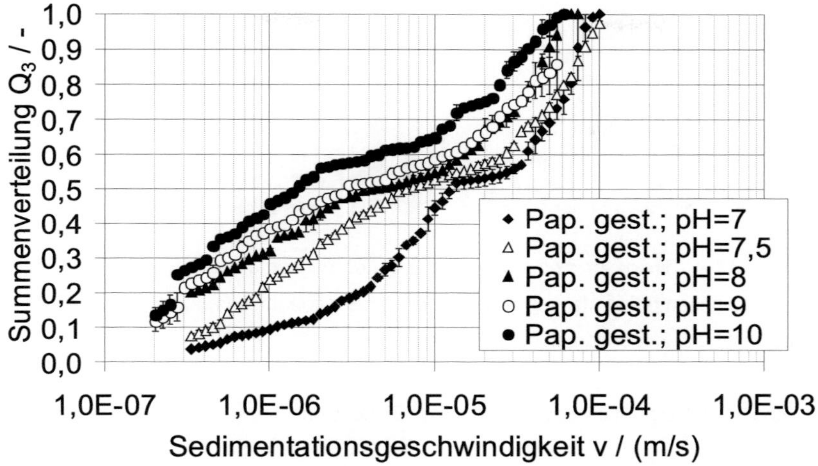

Abbildung 7.10: Sedimentationsgeschwindigkeitsverteilung des gestrichenen Papiers unter Variation des pH–Wertes gemessen mit der Manometerzentrifuge bei 50g und 2 Ma%.

bimodale Verteilung zu erkennen. Das heißt große Agglomerate sedimentieren zuerst und sehr schnell ab. Kleinere Agglomerate und einzelne Fasern und Partikel bilden anschließend die langsame Feststofffraktion. Die Bimodalität ist ein Hinweis darauf, dass sich die Wechselwirkungen der einzelnen Feststoffkomponenten unterschiedlich verhalten. Es ist davon auszugehen, dass eine Feststoffkomponente bereits zum Agglomerieren neigt, hingegen bei der anderen noch Abstoßungskräfte vorherrschen.

7.2.4 Feststoffkonzentration

Nach Betrachtung der physikochemischen Wechselwirkungen wird nun der Einfluss der Feststoffkonzentration auf das Sedimentationsverhalten der Papier–Suspensionen mit Hilfe der Sedimentationswaage untersucht.

Im Fall des ungestrichenen Papiers erhöht sich die Sedimentationsgeschwindigkeit mit abnehmender Konzentration, Abbildung 7.11, links. Der Grund ist die dadurch auch abnehmende Behinderung der sedimentierenden Partikel untereinander. Denn je höher die Kon-

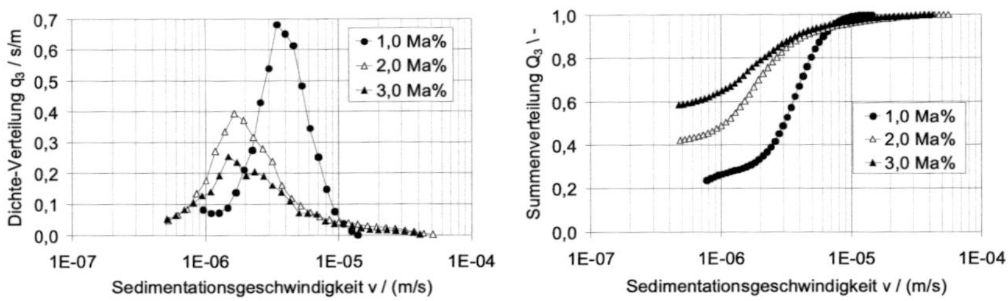

Abbildung 7.11: Sinkgeschwindigkeitsverteilung des ungestrichenen Papiers bei Variation der Massenkonzentration Ma%, gemessen mit der Sedimentationswaage. Links: Dichteverteilung, Rechts: Summenverteilung. Vgl. auch [30].

zentration ist, desto größer ist der gegenseitige Einfluss und desto langsamer ist die gesamte Sedimentation.

Zusätzlich ist die Sinkgeschwindigkeitsverteilung monomodal, da der hohe Faseranteil von nahezu 45 Fa% in der Suspension bedingt, dass die Fasern Cluster bilden und Partikel einfangen. Diese können dann nicht mehr frei sedimentieren, womit eine bimodale Verteilung verhindert wird. Wie schon bei den Simulationen qualitativ gesehen, werden die schnellen Partikel abgebremst und die langsamen beschleunigt, so dass schließlich eine monomodale Sinkgeschwindigkeitsverteilung zustande kommt. Dies gilt allerdings hauptsächlich für die Suspension mit einer Konzentration von 1 Ma% (●). Bei den höherkonzentrierten Suspensionen stellt man fest, dass die Sedimentation sehr lange dauert, so dass in der gleichen Sedimentationszeit – hier von mehreren Tagen – nur 60% oder sogar nur 40% des Feststoffes absedimentiert ist, siehe Abbildung 7.11 rechts. Auf Grund der hohen Volumenkonzentration bilden die Fasern ein lockeres, und auch sehr hohes Sediment und es kann keine freie Sedimentation mehr stattfinden, vgl. auch Kumar und Ramaro [58] und Kapitel 7.1.1. Außerdem sind die Partikel teilweise so klein, dass, wenn die Fasern absedimentiert sind, diese im Überstand verbleiben.

Die Sinkgeschwindigkeitsverteilung des gestrichenen Papiers zeigt, verglichen mit dem ungestrichenen Papier, ein völlig anderes Verhalten, siehe Abbildung 7.12, links.

Es zeigt sich, das bei 0,5 (○) und 1 Ma% (●) die Verteilung bimodal ist. Bei 2 Ma% (△) befindet man sich im Übergangsbereich von bimodalen zum monomodalen Verhalten, der dann bei 3 Ma% (▲) erreicht ist. Der bimodale Verlauf liegt zum einen an dem großen Anteil an or-

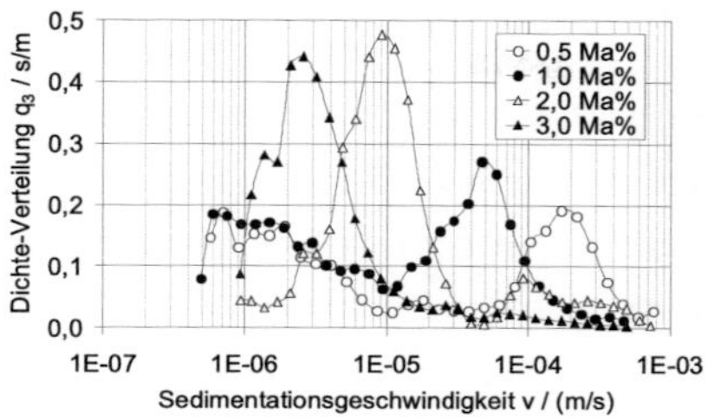

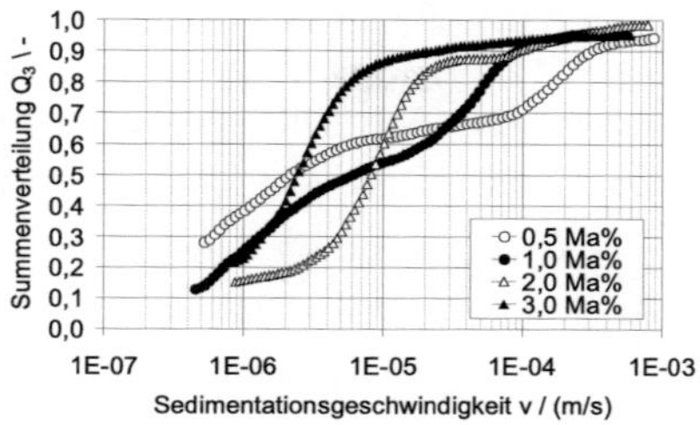

Abbildung 7.12: Sinkgeschwindigkeitsverteilung des gestrichenen Papiers bei Variation der Massenkonzentration Ma%, gemessen mit der Sedimentationswaage. Links: Dichteverteilung, Rechts: Summenverteilung. Vgl. auch [30].

ganischen Partikeln, zum anderen an dem Herstellungsprozess. Beim gestrichenen Papier wird eine zusätzliche Deckschicht aufgebracht, wodurch sich teilweise noch mehr Partikel an die organischen Fasern binden. Dadurch kann man davon ausgehen, dass die Fasern schwerer sind und dass sich größere oder auch kompaktere Agglomerate in der Suspension befinden. Allerdings bedingt auch der geringe organische oder Faseranteil von 24 Ma%, dass sich die Fasern nur zu wenigen Clustern zusammenschließen können, die dann sehr schnell absedimentieren. Die restlichen Partikel und einzelne Fasern sedimentieren nur langsamer hinterher.

Betrachtet man nun auch hier die Summenverteilung, Abbildung 7.12 rechts, erkennt man deutlich, besonders bei höheren Ma%, dass die Sedimentation insgesamt einiges schneller vonstatten geht, als beim ungestrichenen Papier und auch insgesamt mehr Feststoff absedimentiert. Der Faseranteil von 24 Fa% reicht noch nicht ganz aus, um zu einer so großen Behinderung wie beim ungestrichenen Papier mit einem Faseranteil von 45 Fa% zu führen. Bei 3 Ma% hat man aber auch bei dem gestrichenen Papier ein monomodales Sedimentationsverhalten erreicht. Auch kann man erkennen, dass die Sinkgeschwindigkeit in der gleichen Größenordnung wie beim ungestrichen Papier die 1 Ma% liegt. Dies zeigt auch bei diesen industriellen Suspensionen, dass die etablierte Konzentrationsdefinition nicht in der Lage ist, das Sedimentationsverhalten von nicht runden Partikel hinreichend gut zu beschreiben.

7.2.5 Faser–Partikel Verhältnis und mechanische Vorbehandlung

In den vorherigen Abschnitten wurde die Abhängigkeit des Sedimentationsverhaltens hinsichtlich der Feststoffkonzentration und der physikochemischen Wechselwirkungen aufgezeigt, sowie auch schon ein Unterschied in der Zusammensetzung der Suspensionen beschrieben. Des Weiteren ist bei den realen Trennversuchen erkannt worden, dass eine mechanische Dispergierung einen erheblichen Einfluss auf das Trennergebnis hat. Es bleibt also noch die detaillierte Untersuchung des Einflusses der beiden Parameter Faser–Partikel Verhältnis und mechanische Vorbehandlung.

Dazu wurde, wie beschrieben, das gestrichene Papier mit Hilfe eines Kneters mechanisch vorbehandelt. Durch diese Dispergierung werden große Agglomerate zerstört und Bindungen zwischen anorganischen Partikeln und den Fasern aufgebrochen. Das Faser–Partikel

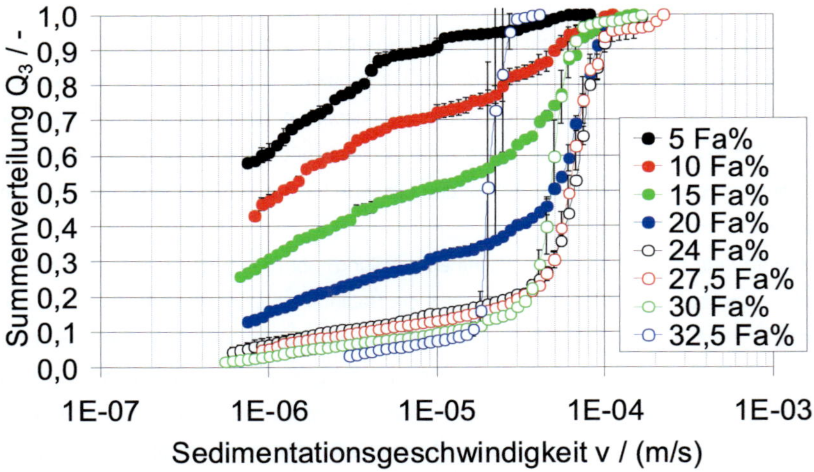

Abbildung 7.13: Sinkgeschwindigkeitsverteilung des gestrichen Papiers, bei 2 Ma % unter Variation des Faseranteils von 5 Fa % – 32,5 Fa%, gemessen mit der Manometerzentrifuge. Ähnliches Verhalten wurde bereits in [28] beschrieben.

Verhältnis konnte mit Hilfe definierter Mischungen eingestellt werden. So wurde der Partikelanteil durch Zugabe von Streichfarbe zu dem gestrichenen Papier – mit einem Faseranteil von 24 Fa% – erhöht, beziehungsweise durch Zugabe von dem ungestrichenen Papier verringert. Die folgenden Versuche wurden mit der Manometerzentrifuge bei 50g für 1000 Sekunden durchgeführt, um eine vollständige Feststoffsedimentation zu erreichen. Die Feststoffkonzentration betrug jeweils konstant 2 Ma%.

In Abbildung 7.13 sind Sinkgeschwindigkeitsverteilungen unter der Variation der Faserkonzentration bei gestrichenem Papier aufgetragen. Die daraus ermittelte mittlere Sinkgeschwindigkeit und ungefähre Menge an mit gleicher Geschwindigkeit sedimentierenden Feststoff in Abhängigkeit der Faserkonzentration findet sich in Abbildung 7.14.

Das originale gestrichene Papier mit einem Faseranteil von 24 Fa% (○) zeigt dabei, dass circa 75% des Feststoffes mit gleicher Geschwindigkeit absedimentiert. Wird die Faserkonzentration auf 27,5 Fa% (○) erhöht, gilt dies schon für über 80% des Feststoffs. Darüberhinaus ist die mittlere Sedimentationsgeschwindigkeit in etwa gleich. Bei weiterer Faserkonzentrationserhöhung, hier auf 30 Fa% (○), verringert sich die mittlere Sedimentationsgeschwindigkeit, die Menge an gleich schnell sedimentierendem Feststoff erhöht sich allerdings noch etwas. Dies ist der Bereich, in dem die interpartikuläre Behinderung beginnt so groß zu werden, dass sich der gesamte Feststoff verlangsamt. Umso deutlicher wird es bei einer Faserkonzentration von 32,5 Fa% (○). Dort sedimentieren sogar 90% mit der gleichen Geschwindigkeit. Die großen Fehlerbalken in diesem Bereich sind durch den steilen Gradienten in der Verteilung zu erklären, so führen kleinste Unterschiede in der Sedimentationsgeschwindigkeit bereits zu großen absoluten Unterschieden. Daher kann man bei 32,5 Fa% besser von einem Bereich sprechen, in dem sich der Wert für die mittlere Geschwindigkeit bewegt. Dies bedeutet, dass der Faser– und damit Formeinfluss der Teilchen auf die Sedimentation immer stärker zunimmt. Faserkonzentrationen oberhalb von 32,5 Fa% werden gesondert in Kapitel 7.2.6 diskutiert.

Betrachtet man nun die andere Richtung der Variation, nämlich die Verringerung der Faserkonzentration, so erkennt man ein Verbreitern der Verteilung und ein Abnehmen der mittleren Sinkgeschwindigkeit. Es sedimentiert immer weniger Feststoff mit gleicher Geschwindigkeit. Dies ist damit zu erklären, dass die immer weniger werdenden Fasern nicht mehr in der Lage sind, Cluster zu bilden. Die Partikel, die langsamer sedimentieren, können sich damit frei von den Fasern bewegen. Dadurch wird das Sedimentationsverhalten partikeldominiert. Dies wurde bereits bei den Simulationen gezeigt, auch hier stellte man eine bessere Separation fest, je weniger Fasern in der Suspension waren. Außerdem gilt, je höher die Faserkonzen-

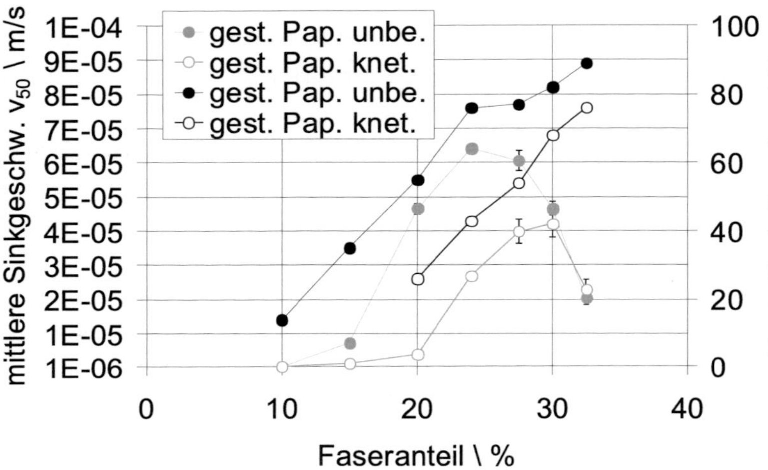

Abbildung 7.14: Mittlere Sinkgeschwindigkeit v_{50} und Anteil Feststoff der in etwa mit der gleichen Sinkgeschwindigkeit absedimentiert in Abhängigkeit der Konzentration. Die Daten sind aus den Sinkgeschwindigkeitsverteilungen des gekneteten und unbehandeltem gestrichenen Papiers entnommen (Abbildung 7.14) und 7.15.

tration, desto später fand eine Trennung statt, da die Fasern Partikel eingeschlossen haben, Kapitel 7.2.6.

Das geknetete gestrichene Papier zeigt ein qualitativ ähnliches Verhalten, wie das unbehandelte, siehe Abbildung 7.15. Hier sind die gleichen Faserkonzentrationsabstufungen bei einer konstanten Feststoffkonzentration von 2 Ma% untersucht worden. Das relative Verhalten ist genauso zu erklären, wie bereits bei Abbildung 7.13 beschrieben. Man sieht allerdings deutlich, dass das mechanische Kneten der Suspension den Feststoff weiter zerkleinert. Dies hat eine Verbreiterung und eine langsamere mittlere Sinkgeschwindigkeit zur Folge. So ist zu erkennen, dass bei der originalen Suspension (○) nur noch bei etwa 50% des Feststoffs eine gleiche Sedimentationsgeschwindigkeit vorherrscht. Des Weiteren ist der Unterschied in der mittleren Sinkgeschwindigkeit bei Konzentrationen über 27,5 Fa% (○) etwas stärker ausgeprägt. Dies lässt zum Einen darauf schließen, dass die Teilchen kleiner geworden sind und zum Anderen, dass die zunehmende gegenseitige Behinderung bei diesen Suspensionen

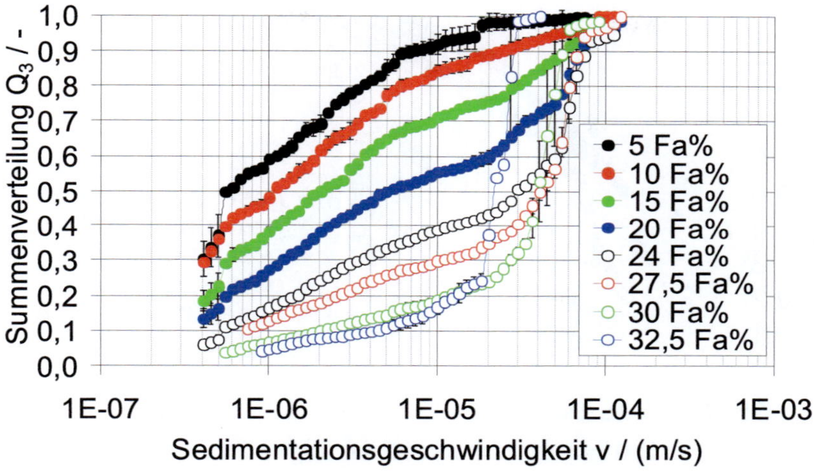

Abbildung 7.15: Sinkgeschwindigkeitsverteilung des gestrichenen Papiers nach mechanischem Kneten als Vorbehandlung, bei 2 Ma % unter Variation des Faseranteils von 5 Fa% – 32,5 Fa%, gemessen mit der Manometerzentrifuge.

noch keine Verlangsamung darstellt. Auch hier erkennt man, dass bei einer Faserkonzentration von über 30 Fa% (○) die Sedimentation von den Fasern dominiert wird, allerdings sedimentieren nur noch 80% des Feststoffs mit gleicher Geschwindigkeit, was wieder eine insgesamt deutliche Verkleinerung der Feststoffteilchen zeigt.

Zu einem genaueren und direkten Sinkgeschwindigkeitsvergleich wird im Folgenden unbehandeltes und geknetetes, gestrichenes sowie ungestrichenes Papier betrachtet. Die Massenkonzentration beträgt 2 Ma % und der Faseranteil wird von 5 auf 20 Fa% variiert, siehe Abbildung 7.16.

Man erkennt deutlich, dass das geknetete und das unbehandelte gestrichene Papier bei 5 Fa% (●), (▲) die gleiche Sinkgeschwindigkeitsverteilung zeigt. Bei diesen Suspensionen dominiert der Anteil an kleinen Partikeln, der nicht durch die mechanische Vorbehandlung des Papiers verändert werden konnte. Das ungestrichene Papier (■) sedimentiert ein wenig schneller, da die Fasern beim ungestrichenen Papier leichter sind, weil sie keinem Streichprozess unterworfen waren und so weniger Partikel an ihnen haften.

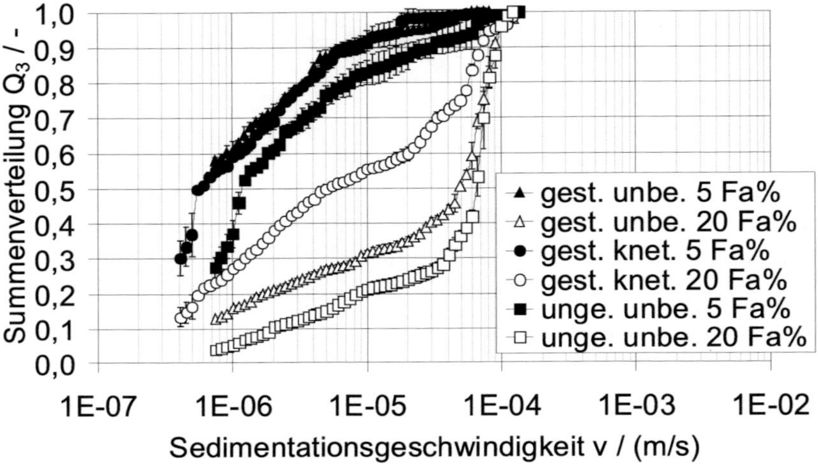

Abbildung 7.16: Sedimentationsgeschwindigkeits–Verteilung des gestrichen Papiers, bei verschiedenen Fa%, gemessen mit der Sedimentationswaage, vgl. auch [28].

Durch die Simulationen konnte gezeigt werden, dass schwerere Fasern schneller von den Partikeln separiert werden, Kapitel 6.1.4. Dies geschieht auch hierbei. Die 5% schweren Fasern (●) sedimentieren sehr schnell ab und sind von den Partikeln, die langsamer hinterher sedimentieren, getrennt. Die leichten Fasern des ungestrichenen Papiers (□) sedimentieren nicht so schnell, sammeln aber bei der Sedimentation etwas mehr Partikel ein und erzeugen so eine insgesamt etwas schnellere Sinkgeschwindigkeitsverteilung.

Dieses Verhalten tritt besonders auch bei 20 Fa% zu Tage. Denn bei ungestrichenem Papier (□) ergibt sich ein größerer Anteil, der etwas schneller als bei gestrichenem Papier absedimentiert. Der Unterschied zwischen dem gestrichenen gekneteten (○) und unbehandeltem Papier (△) zeigt allerdings nochmals deutlich, dass wenn die Faserkonzentration hoch genug ist, das Kneten zu einer wesentlich breiteren Sinkgeschwindigkeitsverteilung führt, die natürlich die unter Kapitel 7.2.1 bessere Trennung in der Aufstromklassierung erklärt.

7.2.6 Suspensionen bei faserdominierter Sedimentation

Bei der Beschreibung der Theorie zur Auswertung von Experimenten mit der Sedimentationswaage wurde thematisiert, dass die getroffenen Annahmen an die Suspension einer Partikel–Suspension entspricht, die während der Sedimentation ihre Stabilität nicht ändert. So zeigten Untersuchungen mit Faser–Suspensionen deutlich, welche Konsequenzen sich bei Verletzung Annahme ergeben, Kapitel 7.1.1. Weil bei der Manometerzentrifuge die Messgröße die gleiche ist – gemessen wird zwar eine Druckdifferenz, diese ist aber proportional zur Masse – sind auch die Annahmen für die Herleitung ähnlich. Daher wird kurz darauf ein-

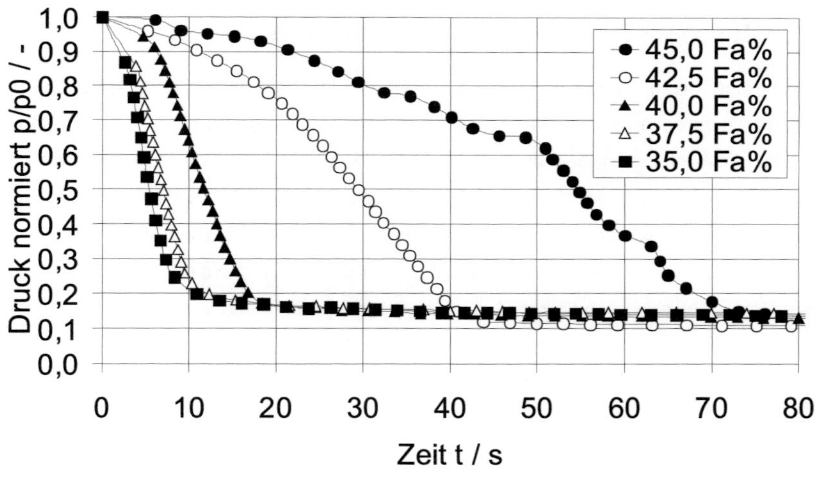

Abbildung 7.17: Druck–Zeit Kurven von Papiermischungen von gestrichenem und ungestrichenem Papier unter Variation der Faserkonzentration bei, 2 Ma%. Messungen mit der Manometerzentrifuge. Vgl. auch [30].

gegangen, was bei diesem Messgerät in einem faserdominierten Sedimentationsregime geschieht. Dazu wurden aus den gestrichenen und ungestrichenen Papiersuspensionen durch Mischung weitere Suspensionen erhöhter Faserkonzentration hergestellt und deren Druck–über–Zeit Verlauf bei Sedimentation aufgetragen.

Abbildung 7.17 zeigt, dass diese Kurven einen konvexen Verlauf aufweisen. Dies bedeutet, dass die Rate der Massenzunahme und damit die Rate des sedimentierenden Feststoffs mit der Zeit ansteigt. Das heißt, dass die Ausrichtung und Clusterbildungsphase die Sedimentation in einem solchen Maße überlagert, dass besonders bei 45 Fa% bereits der gesamte Feststoff absedimentiert ist, bevor die Umordnung der Fasern abgeschlossen war. Als Grund gilt hier der gleiche, wie bei der Sedimentationswaage, denn auch hier geht das zu Grunde gelegte Modell davon aus, dass die Suspensionen ihre Stabilität während der Sedimentation nicht ändern und dies ist eben bei Suspensionen mit einem entscheidenden Faser–Anteil nicht der Fall.

7.2.7 Zusammenfassung Papiersuspensionen

Mit den Papiersuspensionen konnten die Ergebnisse, die bei den Simulationen und Grundlagenuntersuchungen gezeigt wurden, bestätigt und zur Erklärung und zum besserem Verständnis des Verhaltens angewendet werden. Es zeigte sich auch hier, dass je mehr Fasern in einer Suspension sind, desto mehr ist die Sedimentation von Umordnung und Clusterbildung bestimmt. Es konnte ein Sedimentationsverhalten, welches zuvor der ζ–Potentialverlauf vermuten leiß, nachgewiesen werden. Auch wurde gezeigt, dass die Modifikation für die Sedimentationswaage auch für die Manometerzentrifuge anwendbar ist. Letztendlich konnte ein Trennergebnis aus einer Aufstromklassierung mit den Grundlagenuntersuchungen und Sedimentationsverhalten von Faser–Partikel–Suspensionen erklärt werden.

Kapitel 8

Zusammenfassung und Ausblick

Diese Arbeit bietet eine erste Grundlage zur Untersuchung der Sedimentationsvorgänge von Faser–Partikel–Suspensionen. Einflüsse unterschiedlicher Parameter sind sowohl experimentell, als auch durch numerische Simulationen gezeigt und genauer betrachtet worden. Dabei wurden Übereinstimmungen im Verhalten der Simulationen, akademischen Suspensionen und industriellen Suspensionen gefunden.

Zunächst wurde die Methode der Stokesian Dynamics vorgestellt. Sie beruht auf den stationären Stokes– und Newtonschen Bewegungsgleichungen. Sie erlaubt es, die hydrodynamischen Wechselwirkungen zwischen Partikeln zu approximieren, ohne das vollständige Geschwindigkeitsfeld des Fluids berechnen zu müssen. So konnten nach Implementierung dieser Methode die Ergebnisse zum Sedimentationsverhalten von ausgewählten Partikelsystemen nachgestellt, mit Experimenten validiert und durch weitergehende Rechnungen ausgebaut werden. Es wurde eine Faserapproximation eingeführt, die Fasern als starr verbundene Kugelketten betrachtet. Diese neue Approximation wurde anhand von aus der Literatur bekannten Ellipsenbewegungen sowie eigenen Einzelfaserexperimenten validiert. Anschließende Berechnungen von Faser–Partikel–Suspensionen dienten zur Untersuchung von deren Separationsverhalten hinsichtlich der Parameter Faser–Partikel Anteil, Dichteverhältnis zwischen Fasern und Partikel und Aspect Ratio der Fasern. Dabei zeigte sich zunächst auch in Übereinstimmung mit Beobachtungen, die in der Literatur zu finden sind, dass eine Fasersedimentation entscheidend durch Ausrichtung und Clusterbildung dieser Teilchen beeinflusst wird. Es zeigte sich, dass spezifisch schwerere Fasern in der Lage sind, sich von Partikeln zu separieren und eine Trennung solcher Suspensionen hinsichtlich der Teilchen möglich ist. Allerdings dauert diese Trennung umso länger, je ähnlicher die Dichte der Fasern im Vergleich zu der von den umgebenden Partikeln ist. Bei der Betrachtung des Aspect Ratios zeigte sich weiter, dass eine längere Faser, die als Einzelfaser sehr schnell absedimentieren würde, durch die größere Länge so viel mehr Behinderung erfährt, dass der dadurch erlangte Geschwindigkeitsgewinn kompensiert wird. Somit können sich längere Fasern nicht besser von den Partikeln separieren. Der Faser–Partikel Anteil hat dabei in sofern einen Einfluss, dass je mehr Fasern sich in einer Suspension befinden, desto eher sind diese in der Lage sich zu Clustern zusammenzuschließen und in diesen Partikel einzufangen wodurch eine Separation sehr erschwert wird. So zeigt sich, dass mit ansteigendem Faseranteil die Separationszeit zwischen Fasern und Partikel ebenfalls ansteigt.

Der zweite große Bereich dieser Arbeit befasst sich mit grundlegenden Untersuchungen von Faser– und Faser–Partikel-Suspensionen mit Hilfe einer Sedimentationswaage hinsichtlich der Teilchenform und Größenverteilung definierter Materialien.

Die längliche Form der Fasern führte dazu, dass eine neue Definition der Feststoffkonzentration eingeführt werden muss, um in deren Abhängigkeit von dem Sinkgeschwindigkeitsverhalten besser erklären zu können. Diese berücksichtigt nicht nur die Volumenkonzentration, sondern auch den Aspect Ratio der Fasern. So wird eine Faser–Suspension mit Fasern, die einen Aspect Ratio von 100 haben, schon ab einer Volumenkonzentration von 1 V% als konzentriert betrachtet. Dies wäre bei Partikel–Suspensionen mit Partikeln gleicher Größenordnung undenkbar.

Es wurde weiter gezeigt, dass Fasern ein sich während der Sedimentation destabilisierendes System darstellen. Dadurch musste diskutiert werden, ob Modifikationen in den Modellannahmen, die vielen Messgeräten zugrunde liegen und die sich meistens auf Partikel–Suspensionen beziehen, benötigt werden. Diese Destabilisierung bedingt aber auch, dass die Sedimentationseigenschaften selbst bei Normierung auf Referenzgrößen nicht mehr unabhängig vom Sedimentationsmedium sind, wie dies bei Partikel-Systemen in der Regel der Fall ist. So kann man sagen, dass der Unterschied zwischen einer Bewegung in Richtung der treibenden Kraft sowie senkrecht zu dieser, dazu führt, ob eine Sedimentation von Umordnung und Clusterbildung überlagert wird oder nicht. Man stellt fest, dass je kleiner dieses Verhältnis ist, desto mehr behindern diese Effekte eine freie Sedimentation. Bei einem

großen Verhältnis ist diese Umordnung nach einer bestimmten Zeit unabhängig des Faseranteils abgeschlossen und man betrachtet hauptsächlich noch die Sedimentation der Cluster. Der dadurch auftretenden Geschwindigkeitsunterschied wird besonders deutlich, wenn man bedenkt, dass die gebildeten Cluster bis zu 15 Mal schneller als eine senkrechte Einzelfaser absedimentieren.
Der dritte Bereich dieser Arbeit umfasst detaillierte Sedimentationsuntersuchungen von Suspensionen, die an verschiedenen Stellen in einem Papierherstellungsprozess anfallen. Diese Papiersuspensionen wurden in einer Manometerzentrifuge hinsichtlich ihrer Trennmöglichkeit mit einer Aufstromklassierung untersucht. Es konnte gezeigt werden, dass die physikochemischen Wechselwirkungen einen erheblichen Einfluss auf das Sedimentationsverhalten haben. Doch wie die Simulationen bereits vermuten lassen, ist besonders das Faser–zu–Partikel–Verhältnis ein entscheidender Einflussparameter bei dem Sedimentationsverhalten. Er entscheidet darüber, ob eine Sedimentation partikel– oder faserdominiert ist, ob eine Sedimentation von Ausrichtung und Clusterbildung der Teilchen beeinflusst wird und so sich die Stabilität der Suspension während der Sedimentation ändert.
Es konnte darüberhinaus festgestellt werden, dass bei einem Papierbildungsprozess die Partikel an den Fasern haften und dass mechanische Vorbehandlung der Papierssuspensionen dazu führt, diese Verbindung zu zerstören um eine deutlich bessere Trennung zu erlangen. Diesen Effekt konnte man anhand der Sinkgeschwindigkeitsverteilungen durch Versuche mit einer Manometerzentrifuge erkennen. Diese Verteilungen sind nach der mechanischen Vorbehandlung um einiges verbreitert, das heißt, dass ein wesentlich geringerer Anteil des Feststoffs mit der gleicher Sedimentationsgeschwindigkeit absedimentierte, als bei unbehandelten Suspensionen.
Besonders der letzte Abschnitt zeigt, dass Sedimentationsprozesse, an denen Fasern oder längliche Teilchen und Partikel beteiligt sind, interessante und entscheidende Unterschiede im Sedimentationsverhalten aufweisen.
Da diese Arbeit eine erste Grundlage für die Untersuchung der wichtigsten Einflussparameter bietet ergeben sich noch weitere Fragestellungen. So bleibt speziell bei den Simulationen die Fragestellung wie sich polydisperse Partikelsysteme oder Partikelsysteme, in denen andere interpartikuläre Wechselwirkungen eine entscheidendere Rolle spielen, verhalten. Auch wären Simulationen in periodischen Gebieten nützlich, um eine noch höhere Feststoffkonzentration approximieren zu können und ganze Abtrennprozesse zu betrachten. Im Bereich

der Fasersedimentation könnte man flexible Fasern testen und diskutieren wie Flexibilität die Clusterbildung beeinflusst. Letztendlich ist speziell im Bereich der sich während der Sedimentation ändernden Partikelsysteme noch einiges zu untersuchen und auch zu simulieren, da besonders viele der bisher genutzten Messgeräte auch immer einen stationären Zustand der Suspensionen fordern.

Literaturverzeichnis

[1] G. K. Batchelor. *An Introduction to Fluid Dynamics.* Cambridge University Press, Cambridge, 1967.

[2] G. K. Batchelor. The stress system in a suspension of force free particles. *J. Fluid Mech.*, 41:545–570, 1970.

[3] C. W. J. Beenacker. Ewald sum of the Rotne–Prager Tensor. *J. Chem. Phys.*, 85:1581–1582, 1986.

[4] M. Beiser. *Sedimentation submikroner Partikel in Abhängigkeit physikalisch–chemischer Einflüsse und ihr Separationsverhalten in Dekantierzentrifugen.* Dissertation, Universität Karlsruhe (TH), 2006.

[5] M. Beiser, G. Bickert, and P. Scharfer. Comparison of sedimentation behaviour and structure analysis with regard to destabilization processes in suspensions. *Chemical Engineering and Technology*, 27:1084–1088, 2004.

[6] G. Bickert. *Sedimentation feinster suspendierter Partikeln im Zentrifugalfeld.* Dissertation, Universität Karlsruhe (TH), 1997.

[7] C. Binder, M. A. J. Hartig, and W. Peukert. Structural dependent drag force and orientation prediction for small fractal aggregates. *J. Colloid Interface Sci.*, 331:243–250, 2009.

[8] R. B. Bird, O. Hassager, R. C. Armstromg, and C. Curtiss. *Dynamics of Polymeric Liquids, Volume 2: Kinetic Theory 2nd edition.* Wiley, New York, 1987.

[9] R. Blanc. *Order and disorder in fibre suspensions.* In Mobile Particulate Systems ed. E. Guazzelli and L. Oger, (105–128), Kluwer, 1995.

[10] T. Bosse, L. Kleiser, C. Härtel, and E. Meiburg. Numerical simulation of finite Reynolds number suspension drops settling under gravity. *Phys. of Fluid*, 17:037101, 2005.

[11] J. F. Brady and G. Bossis. Stokesian Dynamics. *Ann. Rev. Fluid Mech.*, 20:111–157, 1988.

[12] J. F. Brady, R. J. Phillips, J. C. Lester, and G. Bossis. Dynamic simulation of hydrodynamically interacting suspensions. *J. Fluid Mech.*, 195:257–280, 1988.

[13] R. Bürger and W. L. Wendland. Sedimentation and suspension flows: Historical perspective and some recent developments. *Journal of Engineering Mathematics*, 41:101–116, 2001.

[14] J. Burgers. *2nd Report on Viscosity and Plasticity, Ch. 3.* Kon. Ned. Akad. Wet., Amsterdam, 1938.

[15] R. Buscall and L. R. White. The consolidation of concentrated suspensions. Part 1. The theory of sedimentation. *J. Chem. Soc. Far. Trans. I*, 83:873–891, 1987.

[16] J. E. Butler and E. S. G. Shaqfeh. Dynamic simulations of the inhomogeneous sedimentation of rigit fibres. *J. Fluid Mech.*, 468:205–237, 2002.

[17] B. Cichocki, M.L. Ekiel-Jezewska, and E. Wajnryb. Lubrication corrections for three-particle contribution to short-time self-difussion coefficients in colloidal dispersions. *J. Chem. Phys.*, 111(7):3265–3273, 1999.

[18] I. L. Claeys and J. F. Brady. Suspensions of prolate spheroids in Stokes flow. Part 1. Dynamics of a finite number of particles in an unbounded fluid. *J. Fluid Mech.*, 251:411–442, 1993.

[19] R. G. Cox. The motion of long slender bodies in a viscous fluid. Part 1. General theory. *J. Fluid Mech.*, 44(4):791–810, 1970.

[20] P. A. Cundall and O. D. L. Strack. A discrete numerical model for granular assemblies. *Geotechnique*, 29(1):47–65, 1979.

[21] B. Derjaguin and L. D. Landau. Theory of the stability of strongly charged lyophobic sols and of the adhesion of strongly charged particles in solutions of electrolytes. *Acta Physicochim U. S. S. R.*, 14:633–662, 1941.

[22] A. Dullweber, B. Leimkuhler, and R. McLachlan. Symplectic splitting methods for rigid body molecular dynamics. *J. Chem. Phys.*, 107:5840–5852, 1997.

[23] L. Durlofsky and J. F. Brady. Dynamic simulation of hydrodynamically interacting particles. *J. Fluid Mech.*, 180:21–49, 1987.

[24] C. Eichholz. *Zur magnetfeldinduzierten Strukturierung von Filterkuchen,.* Dissertation, Karlsruhe Institut für Technologie, 2010.

[25] M. L. Ekiel-Jezewska, B. Metzer, and E. Guazzelli. Spherical cloud of point particles falling in a viscous fluid. *Phys. of Fluids*, 18:038104, 2006.

[26] A. Erk. *Rheologische Eigenschaften feindisperser Suspensionen während ihrer Fest–Flüssig–Trennung in Filtern und Zentrifugen.* Dissertation, Universität Karlsruhe (TH), 2006.

[27] H. Faxén. Der Widerstand gegen die Bewegung einer starren Kugel in einer zähen Flüssigkeit, die zwischen zwei parallelen, ebenen Wänden eingeschlossen ist. *Annalen der Physik*, 4(68):89–119, 1924.

[28] M. Feist, G. Hirsch, and H. Nirschl. Sedimentationsuntersuchungen zum Trennverhalten von Faser–Partikel–Suspensionen. *Chemie Ingenieur Technik*, 81(6):811–815, 2009.

[29] M. Feist, F. Keller, H. Nirschl, and W. Dörfler. Stokesian Dynamics and the settling behaviour of particle–fibre–mixtures. *The Canadian Journal of Chemical Engineering*, 89:682–690, 2011.

[30] M. Feist, H. Nirschl, J. Wagner, G. Hirsch, and S. Schabel. Experimental results for the settling behaviour of particle-fibre mixtures. *Physical Separation in Science and Engineering*, 2007:doi:10.1155/2007/91740, 2007.

[31] D. Gross, W. Hauger, J. Schröder, and W. A. Wall. *Technische Mechanik. Band 2: Elastostatik. Auflage 9.* Springer–Verlag, Berlin, 2007.

[32] E. K. Guckel. *Large Simulations of particulate systems using the PME method.* PhD–thesis, University of Illinois at Urbana–Champaign, 1999.

[33] E. Hairer, C. Lubich, and G. Wanner. *Geometric Numerical Integration: Structure-Preserving Algorithms for Ordinary Differential Equations, 2nd ed.* Springer, Berlin Heidelberg, 2006.

[34] J. Happel and H. Brenner. *Low Reynolds number hydrodynamics, 3rd ed.* Martinus Nijhoff Publishers, 2501 CN The Hague, 1983.

[35] O. G. Harlen, R. R. Sundararajakumar, and D. L. Koch. Numercal simulations of a sphere settling through a suspension of neutrally buoyant fibres. *J. Fluid Mech.*, 388:355–388, 1999.

[36] H. Hasimoto. On the periodic fundamental solutions of the stokes equations and their application to viscous flow past a cubic array of spheres. *J. Fluid Mech.*, 5:317–328, 1958.

[37] M. Hefft. Trenngerät. *Deutsches Patentamt*, page DE8612589U1, 1986.

[38] H. Hertz. Über die Berührung fester elastischer Körper. *J. reine u. angew. Math.*, 92:156–171, 1881.

[39] B. Herzhaft and E. Guazzelli. Experimental study of the sedimentation of dilute and semi–dilute suspensions of fibres. *J. Fluid Mech.*, 384:133–158, 1999.

[40] G. Hirsch, J. Wagner, S. Schabel, and M. Feist. Fine particles separation in recovered paper suspensions. *IPW*, 9:48–50, 2008.

[41] R. W. Hockney and J. W. Eastwood. *Computer Simulation Using Particles.* Kluwer, New York, 1988.

[42] H. H. Hu, D. D. Joseph, and Crochet M. J. Direct simulation of fluid particle motions. *Theor. Comput. Fluid*, 3(5):285–306, 1992.

[43] H. H. Hu, N. A. Patankar, and Zhu M. Y. Direct numerical simulations of fluid–solid systems using arbitrary Lagrangian–Eulerian technique. *J. Comp. Phys.*, 169:427–462, 2001.

[44] R. J. Hunter. Measuring zeta potential in concentrated industrial slurries. *Colloid and Surfaces: Physicochemical and and engineering aspects*, 195(1-3):205, 2001.

[45] K. Ichiki. Improvement of the Stokesian Dynamics method for systems with a finite number of particles. *J. Fluid Mech.*, 452:321–262, 2002.

[46] G. B. Jeffery. The motion of ellipsoidal particles immersed in a viscous fluid. *Proc. R. Soc. Lond., Ser. A*, 102(715):161–179, 1922.

[47] D. J. Jeffrey and Y. Onishi. Calculation of the resistance an mobility functions for two unequal rigid spheres in low reynolds–number flow. *J. Math. Fluid Mech.*, 139:261–290, 1984.

[48] O. Jokinen and K. Ebeling. Flocculation tendency of papermaking fibres. 5:317–325, 1985.

[49] G. Kasper. Measurement of viscous drag on cylinders and chains of spheres with aspect ratios between 2 and 50. *J. Aerosol Sci.*, 16(6):535–556, 1985.

[50] F. Keller, M. Feist, H. Nirschl, and W. Dörfler. Investigation of the nonlinear effects during the sedimentation process of a charged colloidal particle by direct numerical simulation. *J. Colloid Interface Sci.*, 344:228–236, 2010.

[51] C. T. Kelley. *Iterative methods for linear and nonlinear equations.*

[52] R. J. Kerekes and C. J. Schell. Characterization of fibre flocculation regimes by a crowding factor. *J. Pulp Paper Sci.*, 18(1):J32–38, 1992.

[53] S. Kim. A note on Faxén laws for nonspherical particles. *Int. J. Multiphase Flow*, 11:713–719, 1985.

[54] S. Kim. Sedimentation of two arbitrarily orientated spheroids in a viscous fluid. *Int. J. Multiphase Flow*, 11:699–712, 1985.

[55] S. Kim and S. J. Karrila. *Microhydrodynamics.* Dover Publications, Mineola (NY), 2005.

[56] B. Koglin. *Untersuchungen zur Sedimentationsgeschwindigkeit in niedrig konzentrierten Suspensionen.* Dissertation, Universität Karlsruhe (TH), 1971.

[57] H. W. Kropholler and W. W. Sampson. The effect of fibre length distribution on suspension crowding. *J. Pulp Paper Sci.*, 27(9):301–305, 2001.

[58] P. Kumar and B. V. Ramarao. Enhancement of the sedimentation rates of fibrous suspensions. *Chem. Eng. Comm.*, 108:381–401, 1991.

[59] G. S. Kynch. A theory of sedimentation. *Trans. of the Faraday*, 93(5):3484–3494, 1990.

[60] H. Lamb. *Hydrodynamics.* Cambridge University Press, Cambridge, 1932.

[61] A. Lefebvre. Numerical simulations of gluey particles. *ESIAM M2AN*, 43:53–80, 2009.

[62] D. Lerche and T. Sobisch. Charakterisierung interpartikulärer Kräfte für Fest–Flüssig–Trennverfahren mittels analytischer Zentrifugation. *Chemie Ingenieur Technik*, 80(3):393–397, 2008.

[63] K. Leschonski, W. Alex, and B. Koglin. Teilchengrößenanlyse: 5. Sedimentationsanalyse (Fortsetzung). *Chem. Ing. Techn.*, 46(15):641–644, 1974.

[64] J. S. Marshall. Discrete–element modeling of particulate aerosol flows. *J. Comput. Phys.*, 228:1541–1561, 2009.

[65] B. Metzger, J. E. Butler, and E. Guazzelli. Experimental investigation of the instability of a sedimenting suspension of fibres. *J. Fluid Mech.*, 575:307–332, 2007.

[66] B. Metzger, E. Guazzelli, and J. E. Butler. Large-scale streamers in the sedimentation of a dilute fibre suspension. *Phys. Rev. Lett.*, 95:164506, 2005.

[67] B. Metzger, M. Nicolas, and E. Guazzelli. Falling clouds of particles in viscous fluids. *J. Fluid Mech.*, 580:283–301, 2007.

[68] A. S. Michaels and J. C. Bolger. Settling rates and sediment volumes of flocculated Kaolin suspensions. *J. Fluid Mech.*, 1(1):24–33, 1962.

[69] W. J. Milliken, M. Gottlieb, A. L. Graham, L. A. Mandy, and R. L. Powell. The viscosity volume fraction ralation for suspensions of rod–like particles by falling–ball rheometry. *J. Fluid Mech.*, 202:217–232, 1989.

[70] R. D. Mindlin. Compliance of elastic bodies in contact. *J. Appl. Mech.*, 17:259–268, 1949.

[71] H. Nirschl, H. Dwyer, and V. Denk. Three–dimensional calculations of the simple shear flow around a single particle between two moving walls. *J. Fluid Mech.*, 283:273–285, 1995.

[72] J. M. Nitsche and G. K. Batchelor. Break–up of a falling drop containing dispersed particles. *J. Fluid Mech.*, 340:161–175, 1997.

[73] H. A. Oberbeck. Über stationäre Flüssigkeitsbewegungen mit Berücksichtigung der inneren Reibung. *Crelles J.*, 81:1876, 79.

[74] R. W. O'Brian, D. W. Cannon, and Rowlands W. N. Electroacustic determination of particle size and ζ–potential. *J. Colloid Interf. Sci.*, 156(2):406, 1995.

[75] S. Oden. Eine neue Methode zur Bestimmung der Körnerverteilung in Suspensionen. *Kolloid-Z.*, 18:33–48, 1916.

[76] H. Oertel. *Strömungsmechanik.* Springer–Verlag, Berlin Heidelberg, 1995.

[77] J. Park, B. Metzger, E. Guazzelli, and J. E. Butler. A cloud of rigid fibres sedimenting in a viscous fluid. *J. Fluid Mech.*, 648:351–362, 2010.

[78] C. Pozrikidis. *Introduction to Theoretical and Computational Fluid Dynamics.* Oxford University Press, Oxfort, 1997.

[79] C. Pozrikidis. Interception of two spherical particles with arbitrary radii in simple shear flow. *Acta Mech.*, 194:213–231, 2007.

[80] J. F. Richardson and W. N. Zaki. Sedimentation and fluidisation: Part 1. *Trans. Inst. Chem. Engrs.*, 32:35–52, 1954.

[81] P. G. Saffman. On the settling speed of free and fixed suspensions. *Stud. Appl. Maths*, 52:115–127, 1972.

[82] D. Saintillan, E. Drave, and E. S. G. Shaqfeh. A smooth particle–mesh Ewald algorithm for Stokes suspension simulations: The sedimentation of fibers. *Phys. Fluids*, 17:033301–1–033301–21, 2005.

[83] C. F. Schmid and D. J. Klingenberg. Properties of fiber flocs with frictional and attractive interfiber forces. *J. Colloid Interface Sci.*, 226:136–144, 2000.

[84] H. Schubert. *Handbuch der Mechanischen Verfahrenstechnik, Band 11.* Wiley–VCH, Weinheim, 2003.

[85] A. Sierou and J. F. Brady. Shear–induced self–diffusion in non–colloidal suspensions. *J. Fluid Mech.*, 506:285–314, 2004.

[86] G. G. Stokes. On the theories of the internal friction of fluids in motion of pendulums. *Trans. Cambridge Phil. Soc.*, 9:8–106, 1851.

[87] S. Takeuchia, I. Moritab, and T. Kajishimab. Motion of particle agglomerate involving interparticle force in dilute suspension. *Powder Technology*, 184(2):232–240, 2008.

[88] A. K. Tornberg and M. J. Shelley. Simulation the dynamics and interactions of flexible fibres in stokes flow. *J. Comput. Phys.*, 196:8–40, 2004.

[89] G. M. Turney, M. K. Cheung, R. L. Powell, and M. J. McCarthy. Hindered settling of rod-like particles measured with magnetic resonance imaging. *AIChE J.*, 41(2):251–257, 1995.

[90] M. Uhlmann. An immersed boundary method with direct forcing for the simulation of particulate flows. *J. Comput. Phys.*, 209(2):448–476, 2005.

[91] E. J. W. Verwey and J. T. G. Overbeek. *Theory of the Stability of Lyophobic Colloids. The Interaction of Sol Particles having an Electrical Double Layer.* Elsevier Publishing Company, Amsterdam, New York, 1948.

[92] A. A. Zick and G. M. Homsy. Stokes flow through periodic array of spheres. *J. Fluid Mech.*, 115:13–26, 1982.

Anhang A

Veröffentlichungen

M. Feist, F. Keller, H. Nirschl and W. Dörfler. Stokesian dynamics and the settling behaviour of particle–fibre–mixtures. *The Canadian Journal of Chemical Engineering*, 89:682–690, 2011.

M. Feist, E. Akgün, H. Nirschl, N. Bieri, A. Schreiner. An integral approach to master physicochemical properties in the solid chain of a colloidal pharmaceutical product. *Separation Science and Technology*, 46:46–53, 2010.

M. Feist, F. Keller, W. Dörfler, H. Nirschl. Sedimentationssimulation von Faser–Partikel–Suspensionen mit Hilfe der Stokesian Dynamics. *Chemie Ingenieur Technik* 82(9):1456, 2010.

G. Hirsch, S. Schabel, M. Feist and H. Nirschl. Separation of fibre fines and inorganic fines in recovered paper. *IPW*, 6:20–23, 2010.

F. Keller, M. Feist, H. Nirschl and W. Dörfler. Investigation of the nonlinear effects during the sedimentation. process of a charged colloidal particle by direct numerical simulation. *J. Colloid Interface Sci.*, 344:228–236, 2010.

M. Feist, F. Keller, W. Dörfler and H. Nirschl. The Stokesian Dynamics method and the settling behaviour of particle–fibre mixtures. PAMM, 10: 463–464. doi: 10.1002/pamm.201010224.

M. Feist, G. Hirsch and H. Nirschl. Sedimentationsuntersuchungen zum Trennverhalten von Faser–Partikel–Suspensionen. *Chemie Ingenieur Technik*, 81(6):811–815, 2009.

G. Hirsch, J. Wagner, S. Schabel, and M. Feist. Fine particles separation in recovered paper suspensions. *IPW*, 9:48–50, 2008.

M. Feist, H. Nirschl, J. Wagner, G. Hirsch, S. Schabel. Experimental results for the settling behaviour of particle–fiber–mixtures. *Physical Separation in Science and Engineering,* Article ID 91740, 6 pages, 2007.

Lebenslauf

Persönliche Daten

Name:	Markus Feist
Geburtsdatum:	12.11.1980
Geburtsort:	Kreuztal
Familienstand:	verheiratet
Konfession:	römisch–katholisch

Berufstätigkeit

seit 01/2012 — Entwicklungsingenieur bei der BASF SE, Ludwigshafen, Engineering und Maintenance, Conceptual Process Engineering

10/2006 – 12/2011 — Karlsruher Institut für Technologie (KIT), bis 10/2009 Universität Karlsruhe (TH)

Wissenschaftlicher Mitarbeiter:
- 50% Institut für Angewandte und Numerische Mathematik
- 50% Institut für Mechanische Verfahrenstechnik und Mechanik, Bereich Verfahrenstechnische Maschinen

Studium

04/2003 - 09/2006 — Hauptstudium: Technomathematik, Universität Karlsruhe (TH)
Abschluss: Diplom (Note: Sehr gut)
Diplomarbeit: Sedimentationsprozess eines Nanopartikels in einem newtonschen Elektrolyt (Note: 1,0)

04/2001 - 04/2003 — Grundstudium: Technomathematik, Universität Siegen
Vordiplom (Note: Sehr gut)

Praktika und nebenberufliche Tätigkeiten

04/2008 - 09/2010 — Studentische Hilfskraft: Institut für Angewandte und Numerische Mathematik

08/2002 - 09/2002 — Industriepraktikum, ZF Friedrichshafen AG, Friedrichshafen.

Zivildienst

07/2000 - 05/2001 — Familienferienheim, Josef-Gockeln-Haus, Rahrbach

Schule

09/1987 - 06/2000 — Gymnasium Hilchenbach, Grundschule Hilchenbach
Abschluss: Abitur (Note: 1,0); Latinum